U0117943

国画大师张大千

「吃」的艺术

杨国钦 编著

四川科学技术出版社

图书在版编目（CIP）数据

国画大师张大千"吃"的艺术 / 杨国钦编著． — 成
都：四川科学技术出版社，2018.8
ISBN 978-7-5364-9132-8

Ⅰ．①国… Ⅱ．①杨… Ⅲ．①菜谱—中国 Ⅳ．
① TS972.182

中国版本图书馆 CIP 数据核字（2018）第 167635 号

国画大师张大千"吃"的艺术

GUOHUA DASHI ZHANG DAQIAN "CHI" DE YISHU

编　　著　杨国钦

出 品 人　钱丹凝

责任编辑　周美池　何晓霞

封面设计　毛　木

出版发行　四川科学技术出版社

　　　　　成都市槐树街 2 号　邮政编码：610031
　　　　　官方微博：http://e.weibo.com/sckjcbs
　　　　　官方微信公众号：sckjcbs

成品尺寸　165mm×235mm

印　　张　8.5 字数 150 千

印　　刷　成都市金雅迪彩色印刷有限公司

版　　次　2019 年 2 月第 1 版

印　　次　2019 年 2 月第 1 次印刷

定　　价　38.00 元

ISBN 978-7-5364-9132-8

邮购：四川省成都市槐树街 2 号　邮政编码：610031
电话：028-87734035　电子信箱：sckjcbs@163.com

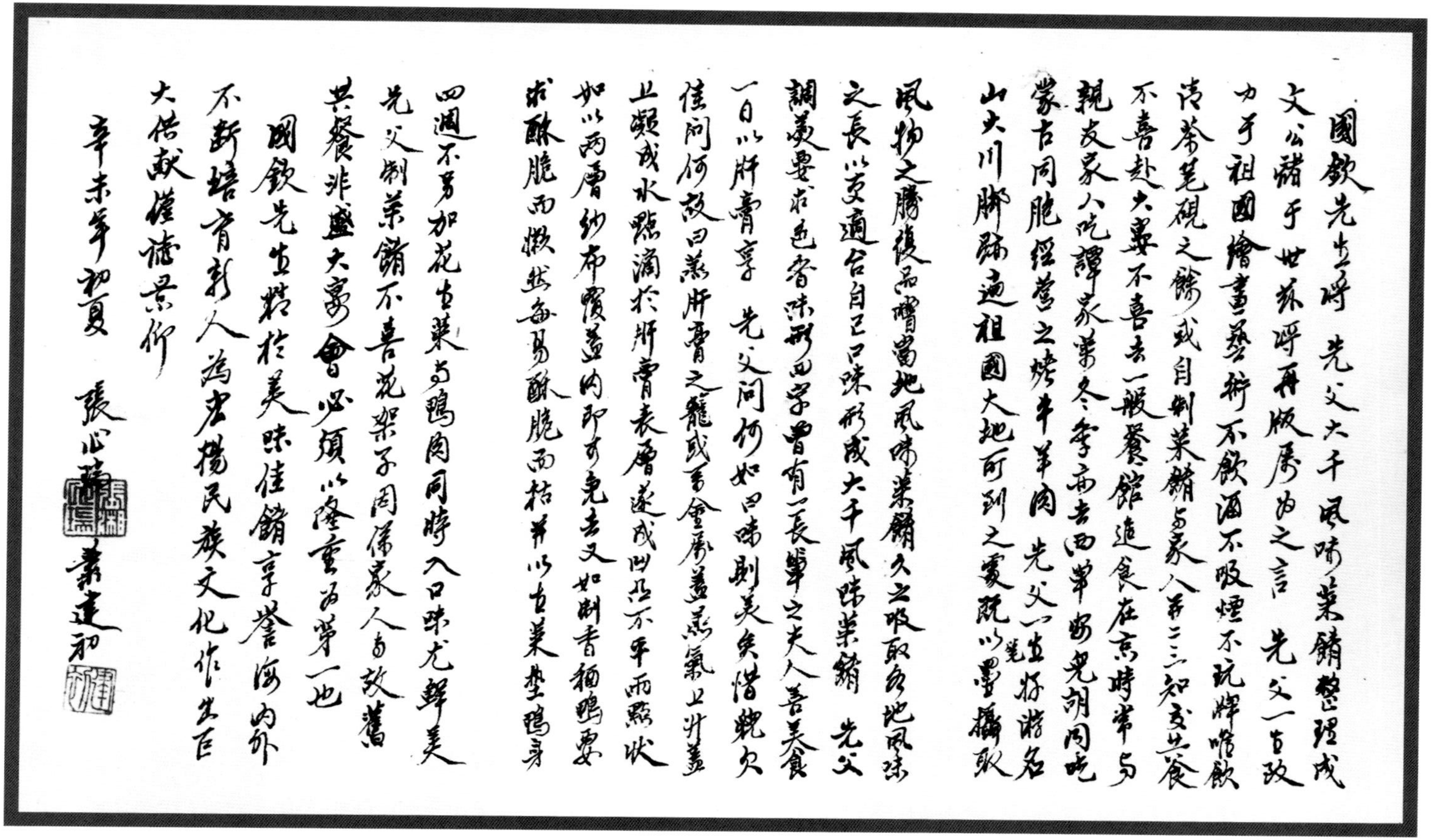

張心瑞、蕭建初（系張大千之女、長婿）為《國畫大師張大千"吃"的藝術》作序。

序一

别有风味在人间

马识途[1]

才为《创新川菜》写罢了序言，又顺流而下，为《大千风味菜肴》作序，不以为负担，却以为快乐。

张大千是四川内江出生、闻名于世界的大画家，在中国算是一代宗师。许多人只知道大千先生是大艺术家，而鲜知他还是一个美食家和烹饪家。

显然的，大千先生成为一个美食家，并非因他是一个只图口福的饕餮之徒。他是把美味佳肴当作一种艺术品加以欣赏和品尝的，在欣赏之余，又激发了他的创造性，于是亲自操刀掌铲，一试身手，想把他所欣赏的烹饪艺术化为他的艺术创造，正如他把绘画不当作闲情逸致的消遣，而是当作神圣的艺术事业而竭尽全力一样。他是在饱览人世风光，"情以物迁，辞以情发"，于是物色之动，心旌摇摇，把自己观察所得，融铸进自己的感情，用丹青在纸上尽情挥洒起来，作出一幅幅名画。

所以不要看张大千大师的烹饪是小事，其实也显示了他的艺术才能，和作画一样精研细酌，所以才有《大千风味菜肴》上所称的那些与众不同的特点，才能够独立门派，自成风格。而且大千先生做菜也正如他作画一样，不仅继承了中国传统，四川风味，而且融入了一些西菜的长处和风味，故早有品尝过大千先生做的菜的人说，大千先生的菜是"中菜西化""西菜中化"。这表述虽不准确，但大千先生的菜确是继承中菜传统和吸收西菜长处而成的，这也是他的艺术成功之方法，因而更可见他是一个开明和开放的人，一个锐意改革和创新的人。

或许有人说，《大千风味菜肴》不过是列进一些最普通的家常菜，没有什么稀奇，上不了台盘的！是的，他做的都是家庭菜，但正因为此，

---

① 本文是马识途先生为四川科学技术出版社 1989 年出版的《大千风味菜肴》一书而作的序。

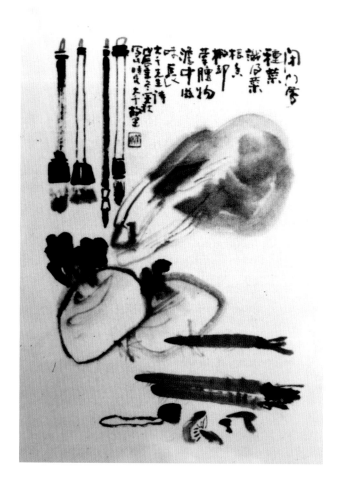

才显出可贵，才能领略到他的特殊风格。北京有名的"谭家菜"不也是家庭菜吗？从张大千的家庭菜中正可看出他的不喜大油大腻、繁华热闹的世俗风采，而喜淡泊宁静、孤芳自赏的襟怀，其也可算在"画如其人"之外的"菜如其人"了。如果是有和张大千一样的襟怀和癖好的人，或存意于学习张大千艺术风格的人，何不妨在作画之余，也一试烹饪手段呢。

由于张大千大师以画闻名于世，又早年出国，他的烹饪技艺少为人知，也无从研究。大千先生故乡的内江烹饪协会近年来根据海外有关资料，又请大千先生的亲属提供情况，进行烹饪试验，陆续整理出菜品和小吃 25 种来。一经出台，在烹饪行业中颇引起了一些反响，并为食客所欣赏。

这本书除收入 32 种菜的菜谱外，还根据有关资料，介绍了大千先生烹饪的轶闻趣事，这对大千先生在海外的生活也可窥见一二了。

1988 年除夕灯下

画师大千的第二艺术

——烹饪艺术

杨继仁 ①

"大千蜀人也，能治蜀味，性酣高谈，往往入厨作羹飨客，夜以继日，令失所忧，能忘此世为 20 世纪。"著名画家徐悲鸿先生品尝国画大师张大千先生亲手做的菜后，赞不绝口。他还总结大千先生平生有"三健"：健吃、健谈、健步。"健吃"放在三健之首。张大千也以他豪爽的性格直言不讳："穿好穿坏，穿在自己身上，是给人看的，与自己没有多大关系，吃在肚子里才实惠！"因此，他一生中从南到北，从中国到外国，把家传、耳闻、目睹的各种佳肴美味，凡能品尝到的都吃了个遍，集百味于一口，并时而下厨弄几样菜，往往使客人执箸惊叹："美哉，美哉！"久而久之，就形成了别具一格、饮誉海内外的"大千菜"。这是张大千除绘画艺术之外最为自豪的艺术——饮食艺术。在国外，大千先生的厨师娄海云、杨明先后在美国纽约、卡麦尔开办了"四海饭店"和"青城山川菜馆"，均打出了"大千菜"的招牌，使顾客盈门。张大千得知，又十分风趣地说："我招牌是老招牌，内江有个饭店叫'告才晓得'，我的菜也要'告'才晓得。"

时至 20 世纪 80 年代，大千故里内江市的青年厨师杨国钦几年来执着地搜集整理大千菜谱，颇有成效。几年前，这位一级厨师在慕尼黑当主厨，也打出了"大千菜"的招牌，慕名而来的美食家络绎不绝，当地的报纸也加以报道，使"大千菜"的香味飘散到更远的地方。不可讳言，张大千太有名，集诗、书、画于一身，国内有"南张北溥"之说，国外有"世界第一大画家"的金牌，自然，以他的大名命名的菜，也就闻名遐迩了。但是真一深究，"大千菜"自有

---

① 本文是杨继仁先生为四川科学技术出版社 1989 年出版的《大千风味菜肴》一书而作的序。

独特之处，并不都是山珍海味。娄海云最叫座的菜是"干煸四季豆"，可见"大千菜"其独特在于别具一格的烹调技艺。

作为中华民族传统文化内容之一的饮食烹饪，一向受世人看重，须臾难离，杨国钦同志在丰富实践经验的基础上，又从理论上总结提高，再付诸实践，这种努力无疑是成功的。值得珍惜的"大千菜"，也将使更多的美食家们大饱口福。这本小册子究竟如何，里面介绍的菜是否色香味俱全，还是套用大千先生说的那句话："告才晓得！"①

拉杂言之，愧不成文，忝以为序。

1988 年 10 月 15 日

① "告才晓得"系四川方言，即试（吃）了才知其水平高低。

张大千与『大千菜』

李永翘

世界著名的中国画大师张大千，不仅是蜚声天下的美术家，而且还是闻名中外的美食家与烹饪家。

张大千先生，有着两个最大的嗜好：画与吃。他的画，那自然是没说的，格调高古、气势磅礴、豪迈清新、热情洋溢，近年来已经屡屡突破国际中国画售价的世界新纪录；而他的吃，那更是没说的，他不但是食尽了中国美味，尝遍了世界佳肴，而且由他综合中外饮食文化并结合中国书画艺术所创造出的"大千菜"也早就驰名国际，成了中国香港、台湾，日本，美国，德国，巴西等国家和地区餐馆内的"中国名菜肴"。

这，也正如张大千先生的女儿张心瑞所说：

"先父一生所嗜，除诗文书画外，喜自治美食以为乐，其足迹遍全球，因能汲取海内外各地各派各家之长，融为一体，形成以川味为主之'大千风味菜肴'。中外名厨，亦无不以邀请到先父品尝其烹调菜肴为荣。"

因此，张大千的烹调艺术的结晶——大千菜，亦成了张大千艺术的重要组成部分之一，或可称之张大千艺术的又"一绝"！

然而，令世界各地的美食家、食坛老饕和食客们都津津乐道和赞美不绝的大千菜，由于种种原因所致，在中国内地却濒于失传，远未得到像对大千书画艺术那样的重视。

这，不能不说是张大千艺术在中国的一个损失，也不能不说是历史悠长、博大精深、多姿多彩的中国饮食文化的一个损失。

在某种程度或者意义上来说，张大千的饮食艺术比其书画艺术，还能在更加广泛的层次内，在更加众多的群众中和更加长久的时间里，提供与满足人们对于美，对于美的生活的追求、享受及需要。

不久前，覆盖面甚广的香港卫视中文台，向亚洲的三十八个国家和地区，播出了一个名叫《张大千的书画艺术与饮食艺术》的专题节目，用美丽的画面和生动的形象，呈现了张大千是如何把自己绘画的诗情画意融入菜中，又如何从自己所制的菜中得到各种美的享受和激发出创造出更美的书画艺术的灵感。光是看着此节目中的这些镜头，就觉得各种"大千菜"，真是如诗如画，美轮美奂，令人胃口大开，食欲大增，并馋涎欲滴！仅是看见这些绝美的画面，就使人觉得是一种绝高的精神享受。

最后，卫视台该节目的主持人总结说：

看了张大千先生所创造的这么多的菜式，不但是非常好吃，而且这些"大千菜"，也可以说是诗情画意，尽在其中，令人赏心悦目，非常陶醉。张大千先生的这种"以名菜来制作名画，又以名画来创造名菜"的方式，我相信，很可能会成为并带动我们未来菜式的一种新发展、新潮流和新趋势！

看来，"大千菜"的独特的优美艺术魅力，与其丰富的深厚的文化内涵，不但已风靡了全世界，而且还"征服"了素有"世界美食之都"誉称的香港。并且张大千的饮食艺术，也可能同其绘画艺术一道，引领中国文化艺术（饮食）方面的"世界新潮流！"

就连"食在香港"，住在号称是"世界美食天堂"的香港人（特别是香港的许多餐饮业人士）都称："大千菜"将成为带动香港未来菜式的一种"新发展""新潮流""新趋势"。那么，这对于中国内地、台湾、澳门以及海外各地的中餐行业来说，又有着什么样的重要新启示？这个问题，的确是值得我们特别是餐饮烹饪行业的人士，好好地深思与研究。

那么，讲了许多，全世界为何会对"大千菜"如此感兴趣和重视呢，"大千菜"又究竟怎么个好吃，其好吃又在哪里？在这里，我不妨向诸位读者与食客们披露两段故事：

"其一是：早在20世纪20年代，艺术大师徐悲鸿等众多艺术家、美食家们同张大千结交之后，就最喜欢吃张大千亲自做的菜，认为其菜在色、香、味、形等上是"天下第一""无与伦比""呜呼美哉！"20世纪30年代，徐悲鸿还曾充满感情地写道："大千蜀人也，能治蜀味，兴酣高谈，往往入厨作羹飨客，夜以继日，令人所忧；与斯人往来，能忘此世为二十世纪！"

其二是：在 20 世纪七八十年代，当张大千移居于台北之后，其英文秘书马幼衡硕士，伴张日久，"大千菜"也就吃得愈多。渐渐地，冯女士吃过了"大千菜"后，把她的眼界给"吃刁了"。到后来，台北市煌煌数千家的大酒楼、名菜馆、名餐厅内的任何佳肴，竟都不能再使她"满意"；而任何达官贵人或富商巨贾的府上请客，所端出的一道道美味珍馐，也都再也不大能引起她的"兴趣"。这是为何？原来正如她所讲"大风堂里的大千菜，是把世界各地的第一流的'吃'的艺术，都在此给集中了！"

因此，综上所述，张大千先生所创造出的"大千菜"不仅是中

国饮食文化的晶莹精华，而且更是中国烹饪艺术的绚艳奇葩。这是张大千本人及其多彩多姿的艺术的一大骄傲，同时也是博大精深、融会众长、光华灿烂的中华饮食文化与中国烹饪艺术的一大自豪。这是值得我们无比珍爱的。并且，随着时代的飞速进步和广大人民群众日益增长的物质、文化水平的需要，更迫切要求我们各方面的人士，尤其是烹饪、饮食业界人士，共同来珍惜、重视、总结、学习、发掘、整理、研究张大千先生给我们留下的这一份珍贵的艺术遗产——张大千的烹饪艺术，以使早已经驰名世界、享誉全球的"大千菜"这一绮丽美妙的中国名菜艺术之花，能够走进千家万户、开遍华夏神州、普及世界各地，并不断地吐露芬芳、散布光华与发扬光大！

呜呼，大千之菜美矣，令人神往之！

时至今日，令人高兴的是，张大千烹饪艺术研究专家、国家特级厨师杨国钦先生，通过十余年的艰苦努力，不断地搜集、整理、发掘、总结，并不断地研究与复制，现在已成功地掌握了一系列"大千菜"的烹制奥秘，能还其原汁原味、原汤原料、原形原色、原香原意，并且能够搭配成套，源源不尽。各地、各界食家在大快朵颐之际，皆无不为之叫美，叫绝！有行家点评："在内地已经失传的'大千菜'，在张大千故里名厨杨国钦先生的手中，给复活了！"这是国钦先生的功劳，也是他十载孜孜努力的结果。大千风味菜肴被列入权威书刊《中国名菜谱》《中国名菜词典》和《中国名师菜典》中。

这不仅是国钦先生和大千故里的光荣，而且还同时表明，张大千先生杰出非凡的烹饪艺术与烹饪成就，已受到了社会各界的认可与高度肯定。这对于丰富和发展中国的饮食文化与提高中国烹饪技艺来讲，在某种程度上是意义非凡的。

更为可喜的是，杨国钦先生在掌握了一整套"大千菜"的烹制方法后，犹不满足，亦不自秘。他不但手把手地教了许多学生，让他们也深晓了烹饪"大千菜"的奥秘，还把这大批学生分别派往了全国各地，如北京、天津、广州、成都、昆明、深圳、海口等等，使"大千菜"在全国各地生根开花，尽情怒放，这受到了社会各界和各地食家的极大欢迎。与之同时，杨国钦先生还继承了同乡先贤张大千先生的优秀传统：不把秘方藏私下，愿将金针度与人。他埋首耕耘，精纯提炼，尽心托出，编著了一本《大千风味菜肴》，将数十种格调高雅、滋味美妙的大千菜的烹制方法与奥秘，公诸天下，使人人皆得而能习、能做、能赏。这本饶具理论性、知识性、趣味性、实用性的《大千风味菜肴》一书，不仅为中国的张大千烹饪艺术的研究开了先河，而且更为张大千艺术的总体研究，开阔了视野，丰富了内涵，扩展了道路，深入了层次。这本烹饪艺术大著，为研究、学习、实践、传承张大千先生的烹饪艺术，提供了一个成功的范例，同时也为积累、丰富与发展中国的饮食文化及烹饪艺术，增添了一枚宝藏，其意义是十分重大的，其影响也将是十分深远的。

所以，《大千风味菜肴》一书自出版以来，就受到了社会各界和各地读者的高度评价与积极购买。虽然该书的印刷量和发行量都相当大，但仍不敷需要。值《国画大师张大千"吃"的艺术》出版之际，我很高兴地告诉大家，其内容相比《大千风味菜肴》更加丰富，质量也有所提高。其中提及的大千风味佳肴及一些大千先生亲笔撰写的菜单，有很高的艺术价值、烹饪价值和珍藏价值。此诚为吾中华烹苑之一大盛事，亦是广大喜爱烹饪者及喜爱大千艺术者之又一大福音也。

以上咸言，略为之序。

李永翘
写于四川省社会科学院

川菜蜀情味酣浓

汪毅

2018 年 3 月 20 日，在美国纽约佳士得举行的亚洲艺术展拍卖会上，张大千手书的菜单让人大跌眼镜。随槌而落，21 张菜单拍出百万美金（含佣金），每张均价 34.6 万元人民币。一时，对张大千的天价手书菜单，海内外热议纷纷。其实，这不足为怪，以张大千的艺术才情，绝非仅仅在诗、书、画、印和鉴定方面，亦绝非仅仅在园艺、建筑、戏剧、摄影、敦煌学研究等方面，只是其画名太重，遮掩了他在诸多艺术领域中的成就与影响，包括烹饪艺术和美食体验。

张大千的确堪称一位杰出的烹饪家和美食家。要不然，徐悲鸿为什么早在 1936 年就感慨张大千"能治蜀味，兴酣高谈，往往入厨作羹飨食，夜以继日，令失所恍"；要不然，张群怎么会如此评价"大千吾弟之嗜馔，苏东坡之爱酿，后先辉映，佳话频传"；要不然，张大千为什么自以为"以艺术而论，我善烹饪更在画艺之上"？

然而，重叩我心扉的大千烹饪与美食，却缘自 1996 至 2016 年期间，我曾五度拜谒台湾摩耶精舍。（张大千晚年居所。张大千逝世后，即为张大千先生纪念馆）

参观烤亭时的感受，一次比一次强烈。顾名思义，烤亭是张大千用来啖享美食烤肉的。烤亭内有烤炉和泡菜坛。烤炉是张大千为回味西北"特殊食品"——烤羊肉而建造的。让我一番感慨的是，烤亭柜架上的两排列队的 7 个泡菜坛和 1 个豆瓣坛，若干年前，虽然我曾欣赏过大千先生无数的菜单及掌勺逮瓢理厨的照片，偶尔亦品尝过一些所谓的"大千菜"，但感受始终不及参观时那么强烈。

目巡泡菜坛，我感到大千先生对泡菜十分讲究，因为他认为四川泡菜是四川菜的代表之一。从中，我仿佛嗅到四川泡菜的独特风味（四川泡菜和豆瓣有川菜之魂一说，此乃大千先生喜爱并以此调味之物），感受到大千先生"泡"出的莼鲈美味与慰人思情，采撷到先生"能治蜀味"的底蕴，领略到大千风味菜肴的特色。这个特色植根于川菜。在张大千的菜单中，尽管其间不乏粤菜、京菜、陇菜、豫菜、淮扬菜等菜品，但其理厨、制法、味型乃至更多的配料及脍炙人口的菜品，却发轫于川菜的精华，并加以巧妙地改进和变化。如他设计和创新的鸡块、魔芋鸡翅、粉蒸牛肉、红烧大肉、干烧鱼、泡菜烧鱼、麻辣折耳根等系列"大千菜品"，乃至直接以"成都四喜"（红烧狮子头两对）命名的菜品，无不飘出浓郁的川菜香，无不融注了文人墨客的情致和趣韵，形成了一道以川菜为本但又不是重复川菜的风景线，显示了大千先生治厨时的"我之为我，自有我在"的艺术创意，卓然树立了深具巴蜀情结而鹤立食坛的品牌："大千菜"。

这个菜系，在众多川菜风味中别具一格，走进了《四川省志·川菜志》，丰富了博大精深的川菜体系，堪称其中的美丽风景。

张大千胸襟开阔，匠心独运，创造的"大千菜"虽源于川菜，但却兼收并蓄、广采博纳，具有相当的包容性。在摩耶精舍张大千的饭厅里，有一个醒目的画框，内为张大千辛酉（1981 年）正月十六日邀请张学良夫妇等友人的宾宴食贴（1983 年请画家翁文炜所临），计有 16 道菜：干贝鸭掌、红油猪蹄、菜苔腊肉、蚝油肚条、干烧鳇翅、六一丝、葱烧乌参、绍酒焖笋、干烧明虾、清蒸晚菘、粉蒸牛肉、鱼羹烩面、佘王瓜肉片、煮元宵、豆泥蒸饺、西瓜盅。这些菜肴中，既有山珍海味，又有乡土风味。食帖中，附有张大千挚友台北故宫博物院院长秦孝仪的跋语，记载此次雅聚之乐。细细品来，这桌宾宴菜肴不仅用料精致，而且十分考究和丰盛，集菜肴制作的炒、烧、烩、煮、蒸于一体，传达了宴请人张大千的人文情怀，既考虑到了南方人过元宵节吃汤圆的风俗，又考虑到了北方人过元宵节吃饺子的风俗，把主（南方人）、宾（北方人）同庆元宵节和思乡的气氛渲染得十分浓烈，体现了其饮食文化的大修为、大气魄、大境界。故他的厨艺曾"俘虏"过张群、张学良、徐悲鸿、谢稚柳等一批名人，甚至留下了若干动人的故事。

除留有大量的手书菜单（食帖），张大千还亲自撰写食谱《大千居士学厨》，记载他最爱吃的十七道招牌菜：粉蒸肉、红烧肉、水铺牛肉、回锅肉、绍兴鸡、四川狮子头、蚂蚁上树、酥肉、干烧鲟鳇翅、鸡汁海参、扣肉、腐皮腰丁、鸡油豌豆、宫保鸡丁、金钩白菜、烤鱼等。这些菜，以家常的为主，包括蒸、煮、炒、炸、烤、烧等制作方式。

张大千不仅自创大千菜系一脉，而且注重吃的艺术，甚至还把有的菜名如川菜中的"杂烩"（双心舌肚、鸡肉、酥肉、肉丸子、笋片、菜心等食材为原料）改名为"相邀"，即取亲朋相邀聚首欢庆之意，赋予它人文关怀和雅趣，升华了中华美食文化的底蕴。

至于饮食与绘画的关系，大千先生还有一番高论，其弟子孙家勤曾有转述："一个真正的画家，要懂得欣赏饮食，才能养成敏锐的分辨能力，如此才能对绘画的欣赏深入。这种对饮食欣赏的能力，经由感官直接感受，已经比欣赏艺术容易了很多。如果一个艺术家连这一个能力都没有，如何能有更抽象的能力，去真正地欣赏艺术呢。"这番高论不可谓不经典，你不得不承认大千先生的独特思维和感官发现，因为他就是这样践行的。

有缘的是，大千先生桑梓的名厨杨国钦朋友不仅对大千先生尊崇备至，更对大千风味菜肴情有独钟，甚至与大千先生一样具有浓郁的"川菜蜀情"。数年来，杨国钦先生不惧荡楫之疲苦，泛舟于大千饮食文化之海域，探究大千先生吃及吃的艺术，再展大千风味菜肴之风貌，推出了这本值得传播和点赞的《国画大师张大千"吃"的艺术》，以敬献和告慰乡贤大千先生，让更多的人在吃与自烹自调的快感中，领略一代艺坛宗师张大千先生"吃"的艺术和艺术的"吃"，并感慨这位中华艺术名流为"民以食为天"所拓宽的美食天地和美食意境。

此外，这本书还给我们以新的思考和启迪。近日（2018 年 4 月 26 日），"新商业、新餐饮、新零售"2018 四川互联网＋餐饮峰会在成都举行，并发布《成都新餐饮报告》。有行业大咖在峰会中论道"新餐饮"时，提出了餐饮空间设计的"吸睛"与"吸金"概念，即地域特色文化的呈现。张大千"吃"的艺术和艺术的"吃"，究其底里，其实就是地域特色文化的延伸，不仅体现了"餐饮空间设计的吸睛与吸金"，而且具有让我们味蕾直接绽放的实际效果——自然"吸睛"与"吸金"。因此，杨国钦先生致力推出的这本书便有了特别的价值和多元意义。

当《国画大师张大千"吃"的艺术》散发油墨清香随着张大千的名响漂洋过海时，我已经嗅到大千风味菜肴特有的味儿，那便是大千菜能让人大快朵颐并能够走向世界的酸甜苦辣所调出的百味。此时，我只有一句话：致礼，杨国钦先生！

是为序。

2018 年 5 月于成都沙河畔

（注：作者汪毅曾任《四川省志》副总编、张大千纪念馆首任馆长，一级文学创作）

前言

　　张大千是四川省内江市人，是著名的国画大师，他在绘画艺术上的造诣，早已为海内外人士熟知，然而他在烹饪艺术上的贡献，在国内知道的人就不多了。其实，张大千在把绘画作为第一职业的同时，把烹饪作为第二职业。他亲自创制的"大千鸡块""大千樱桃鸡"等菜品流传于巴西、日本、中国香港和台湾等国家和地区，并得到很高的赞誉。

　　20世纪80年代中期，国内报纸、杂志、电台有了关于张大千与烹饪方面的报道，大千风味菜品的整理研究工作，也在他的家乡——四川省内江市开展起来了。

　　在研究、整理张大千菜品过程中，通过查阅有关资料和向大千先生的亲属了解，我们得知：对中国烹饪他不仅在理论上有一定的研究和见解，而且自己也开制菜单，设计创新菜式，亲自下厨动手烹制。正如国画大师徐悲鸿先生所说："大千蜀人也，能治蜀味，性酣高谈，往往入厨作羹飨客。"他烹制出来的菜肴不同凡响，在众多的川菜味型分类中独树一帜，让烹饪行家们也觉难以定类，因此，世人只好冠之以"大千风味"。正如他的绘画艺术一样，"造化在我手中"。"大千风味"也正造化在创新之中。

作者正是怀着对张大千先生为烹饪艺术做出贡献的崇敬之情，广泛收集资料，整理编写了第一本有关张大千风味菜肴的图书（20世纪80年代）。书一经问世后，已走过了三十多年，当年曾参与编写的老一批著名川菜名厨陈志刚、黄福财、张仲文连同我爱人吴家华都相继去世，但令人欣慰的是大千风味菜已成为烹饪百花园中的一枝绚丽奇葩。在大千的故乡——内江已打造出"大千美食一条街"，举办了十多届的"大千美食节"，并成功申报了"大千美食之乡"。大千美食已成为内江一张亮丽的城市名片。

而今大千风味菜肴的第一代传人川菜名厨邓正波、陈德飞、康纪忠、杨亮等人还在继续传承发扬大千风味。大千风味菜品也早已载入《中国名菜谱》《中国川菜VCD》和《四川省志·川菜志》等多部权威书籍。

作者曾于1989年在四川科学技术出版社出版过一部介绍张大千菜肴的图书——《大千风味菜肴》，此书当时的市场销售情况非常好，一经上市，就受到广大读者尤其是烹饪爱好者的好评。近年来，因受到周围朋友以及弟子们的鼓励，作者决定再创作一本介绍张大千风味菜肴的图书，从而让更多的人领略一代艺坛宗师张大千先生"吃"的艺术和艺术的"吃"，故而有了《国画大师张大千"吃"的艺术》一书的诞生。

这本新书主要包括大千风味菜肴、大千宴菜单、张大千饮食轶事、名家题词作画等四部分内容。其中作者在"大千风味菜肴"篇介绍了30多个品种，除保留了《大千风味菜肴》里的部分菜单，还补充了一些别致新颖的内容。这些菜肴虽说基本上是以张大千川味家常菜为主，还远远不能体现"大千风味"全貌，但足以犒赏我们的心田了！

在此书的出版过程中，得到了诸位友人的帮助与关心，承蒙了张大千亲属张心瑞、张真理、张之先、张宏宁提供资料图片，以及热心于大千风味艺术推动的李永翘、杨方德、汪毅、陈彪、幺麻子藤椒油创始人赵跃军及四川省烹饪协会高朴先生等人的关照，在此谨向以上人士一一表示谢忱！

资深中国烹饪大师 杨国钦

2018年6月23日

 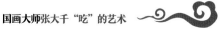

目录

第一篇 大千风味菜肴

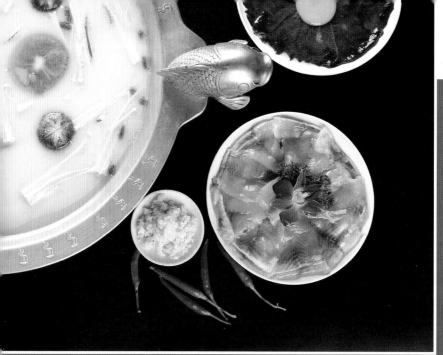

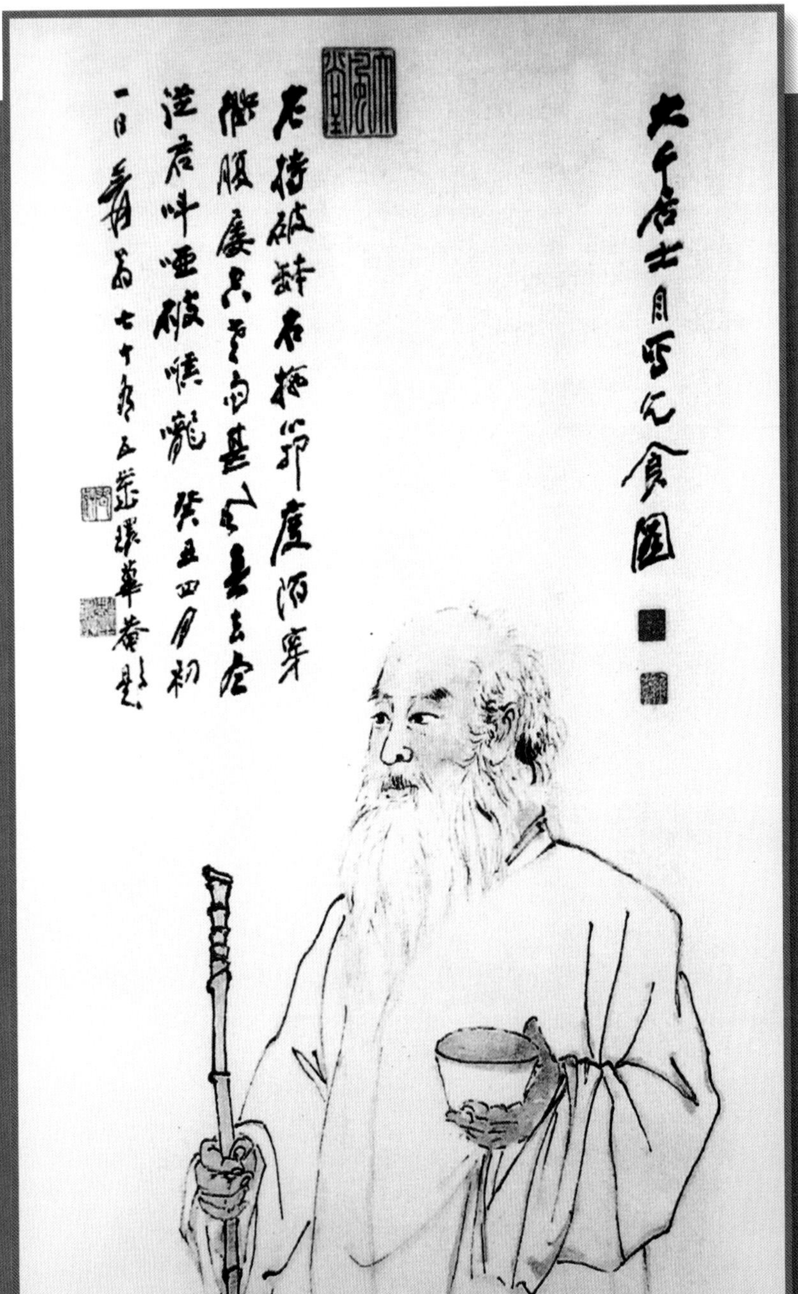

大千风味菜肴

DAQIAN FENGWEI
CAIYAO

葱烧大乌参

张大千喜吃海鲜，海参是大千先生最喜爱的海产品之一，常制作葱烧和红烧大乌参，都以鲜味纯正为主。为了吃到上等的海参，他托朋友在香港订购。

发制海参是制作这道菜的关键，海参至少发涨两三天。调

制高级奶汤，也是做好此菜的另一关键，常用鸡、火腿、猪肚熬制奶汤，俗话说"唱戏的腔，厨师的汤"，就是这个道理，没有好汤是做不好这道菜的。先将发制好的海参，用刀片成斧头片状，葱节切成对长的节，用猪板油炒香，放入海参加奶汤烧制入味，然后将葱节放入大圆盘中打底，海参放在面上，再将热鸡油淋之。吃一片海参就一根葱节，嚼入口中，海参的鲜、糯、爽滑、味之美，无不毕现，真是大快朵颐。

烹制方法

1. 将发制好的生乌参片成上厚下薄的斧楞片，大葱切成段，姜切片，锅中烧热下油 50 克，下葱段、姜片炒香，掺鲜汤加绍酒喂煮片刻，捞出倒入汤汁不用，依着此法操作两次，使海参入味增鲜。

2. 另用炒锅置旺火上，下化猪油烧至六成热，下葱段炒备，掺奶汤投入海参片，加入盐、胡椒、味精烧约 30 分钟，将葱段放入盘中打底，海参捞起放在面上，锅中汤汁下芡汁勾芡淋在海参上面，再滴入葱香油即成。

上等乌参一个	约 200 克	胡椒	1 克
大葱	200 克	味精	2 克
特制葱香油	20 克	化猪油	150 克
绍酒	10 克	奶汤	250 克
姜	2 克		

大千鸡块

大千先生创制的这一美味佳肴，风味独特。其味香辣，其色红亮，鸡块细嫩，味道鲜美。其法系将仔公鸡肉切成小块，加干辣椒、花椒、胡椒、辣酱豆瓣、青椒块等烹炒而成。由于风味特异，流传于日本、中国香港、中国台湾、巴西等地。现收录在《中国川菜》VCD 和多部烹饪书中。

原料				
净仔公鸡肉	250 克	醋	2 克
青笋	50 克	干红辣椒	5 克
青辣椒	25 克	花椒	10 余粒
葱白	25 克	胡椒粉	1 克
老姜	10 克	味精	1.5 克
川盐	1 克	湿淀粉	25 克
酱油	15 克	鸡汤	50 克
辣酱豆瓣	25 克	菜油	125 克
白糖	5 克		

烹制方法

1. 将净仔公鸡肉（去骨连皮）切成长 2.5 厘米、宽 1.5 厘米、厚 0.5 厘米大的块，青笋去皮切成薄形小滚刀块。青辣椒切成棱形小块，葱白切成 2.5 厘米长的马耳朵葱节，姜去皮切成 1 厘米大的指甲片，干辣椒去蒂、去籽切成 1.5 厘米长的节，豆瓣用刀剁茸。

2. 鸡块放入碗内，加川盐适量、湿淀粉 10 克码匀；将酱油、白糖、醋、胡椒粉、味精、鸡汤、湿淀粉兑成汁待用。

3. 炒锅置旺火上，下菜油烧至七成热，放入干辣椒、花椒待炸成金红色时，投入鸡块，炒至散籽发白，下豆瓣炒至色红味香，随即下青笋、青椒、姜片、葱白炒转，烹入滋汁，簸转起锅盛入盘内即成。

备注

1. 大千先生烹制鸡块时，选用刚长冠的仔公鸡。
2. 烹制鸡块成菜需亮汁亮油，色泽红亮。
3. 辅料中的青笋、青椒、大葱等，可随季节变化选用。
4. 此菜曾被香港《饮食天地》杂志刊载。

大千干烧鱼

　　干烧鱼是四川菜中一款独特的风味名菜。成都和重庆的干烧鱼，都以不同的特色风味享誉巴蜀。国画大师张大千在川菜豆瓣鱼风味上，独具慧眼，悟出了吃鱼的奥妙，在豆瓣鱼的风味上加以创新，创建了以豆瓣鱼加肥瘦猪肉末干烧，酌加泡辣椒、花椒、胡椒、豆瓣辣酱的做法以体现出它的味浓、味厚，再以干烧成菜，最后收汁后的鱼肉细嫩，色泽红亮，汤汁油亮，鱼味鲜美，此菜因其风味独到，故而得名。

原料				
鲜鱼一尾	约600克	醪糟汁	50克
肥瘦猪肉	125克	醋	15克
蒜	15克	白糖	10克
姜	10克	葱白	50克
川盐	8克	鲜汤	600克
郫县豆瓣	20克	胡椒粉	1.5克
泡辣椒	5根	味精	1.5克
酱油	20克	菜油	200克

烹制方法

　　1. 鲜鱼剖腹去内脏和鳃，清洗干净，在鱼身两面斜割7～8刀，码川盐1.5克，加姜片、葱节，约1刻钟待用。肥瘦猪肉剁碎，泡辣椒去蒂去籽，切成2厘米长的节，辣酱豆瓣、姜蒜去皮分别剁细，葱白切成细葱花。

2. 炒锅置旺火上，下菜油烧至八成热，放入鱼煎至两面呈浅黄色时，将鱼拨至锅边，锅内留油 50 克，下肉末煵炒至酥香，随即下泡辣椒、郫县豆瓣、姜蒜米炒至色红味香时，将鱼拨回锅中，下醪糟汁，掺鲜汤，下胡椒粉、川盐、酱油、白糖，将锅移至中火上慢慢烧，待烧至汤汁稠浓时，下葱花、醋、味精，推转起锅盛入盘内即成。

备注

1. 烧鱼时保持鱼成形不烂，装盘美观。
2. 烧鱼一次掺足水，勿中途掺水，以免影响菜的质量。
3. 烧鱼要注意大、中、小火运用，做到自然收汁，亮油、亮汁，色泽红亮。

清蒸晚松

清蒸晚松即清汤白菜，也称为开水白菜，是四川高级清汤名菜之一。

李时珍在《本草纲目》中记载："白菜松性，凌冬晚凋，四时常见，有松之操，故曰'松'"。张大千把菜取名晚松，正是文人之雅趣。

白菜其色清白，其味清淡，用清蒸"技法"，体现了清香之味。张大千以烹饪艺术家的手法，赋予了"清蒸晚松"之名，体现了其在烹饪艺术上的淡泊之情怀。

此菜只取用白菜心，修切整齐，用特制的清汤烹制。成菜后的白菜心，棵棵菜心放入汤盘中，那汤清如水，映照菜心光鲜荡漾。此菜突出一个"鲜"字，菜鲜、色鲜、汤鲜、清鲜淡雅，是大风堂酒席的高级清汤菜品。

烹制方法

1. 将白菜心修切整齐，先入沸水锅中焯至刚断生（保持原色）再捞入冷开水中飘冷，再捞出理顺，放在大汤碗中加绍酒、川盐和清汤 500 克，用旺火蒸 2 分钟取出，泌去汤不用。

2. 将菜心整齐放入玻璃汤盘中，锅中下特制清汤加川盐、味精烧开后，将清汤轻轻倒入放菜心的碗内即成。

备注

此菜突出一个"鲜"字，菜鲜、汤鲜、色鲜、味鲜，为清鲜淡雅的上乘汤菜之作。

原料

黄秧白菜心	约 250 克
胡椒	2 克
味精	2 克
川盐	2 克
绍酒	10 克
清汤	150 克

白汁鲍鱼

据张大千的弟子孙家勤介绍，大风堂酒席的"海味三宝"之一的鲍鱼最难发制好，不管是发还是煮，稍有疏忽就会成为橡皮一样，岂不可惜。把干鲍鱼发得易于入味而中心稀软，俗称为发糖心鲍鱼，发制鲍鱼成败就在于此。先要熬制好奶汤，

以便烧制鲍鱼提味。其作法是将猪板油放入锅中，下姜片、马耳朵葱节炒香，放入火腿、笋片、熟鸡肉片炒香，掺入奶汤，再放入鲍鱼片加川盐、胡椒等调料一起烧入味，勾白芡汁起锅，装入大圆盘，用烫熟的菜心围边。此菜色泽美观，白汁味鲜、味浓、味厚，鲍鱼嫩滑，是大风堂酒席的主打菜之一。

烹制方法

1. 将干纲鲍鱼片净，用开水泡发四至五天，再用开水洗净加清水煨炖二十四小时。

2. 另用砂锅放鸡鸭骨、生鸡油、姜葱，加入奶汤，将鲍鱼改刀切成片放锅内，下胡椒、绍酒、火腿片、冬菇、干贝，烧开后用小火煨烧十二小时至鲍鱼炪软入味。去掉鸡鸭骨不用。

3. 鲍鱼片倒入大圆盘中，四周镶入熟菜心。鲍鱼汁水泌入锅内下水豆粉，勾成白色芡汁，加麻油起锅淋到鲍鱼面上即成。

干纲鲍鱼一只	250 克	绍酒	25 克
火腿片	50 克	胡椒	10 克
熟鸡片	50 克	姜葱	适量
笋片	50 克	川盐	适量
冬菇	50 克	生菜心	100 克
干贝	20 克	生鸡油	15 克
特制奶汤	1 000 克	麻油	10 克

三味蒸肉

大千先生在四川"三蒸九扣"粉蒸肉的基础上，取用猪肉、牛肉、鱼肉三种原料置于一笼，采用粉蒸的方法创制了"大千三味蒸肉"。此菜三料各异，味也各异，新奇独特，具有浓厚的乡土风味。

原料

猪肉	150 克
牛肉	150 克
鱼肉	150 克
米粉	200 克
辣酱豆瓣	60 克
花椒	12 克
豆腐乳汁	10 克
内江白糖	20 克
内江红糖	10 克
醪糟汁	50 克
老姜	25 克
酱油	50 克
川盐	20 克
胡椒粉	2 克
泡辣椒	2 根
四季葱	50 克
花椒粉	2 克
干辣椒面	10 克
香菜	25 克
生菜油	125 克
香油	50 克

烹制方法

1. 制料。大米加花椒放入炒锅内用小火微炒至色黄糊香时，铲起晾冷，用石磨加工成花椒米粉待用。豆瓣剁茸，老姜去皮宰成姜末，红糖加水溶化，泡辣椒去蒂、去籽切成 1.5 厘米长的节。

2. 拌料。取用净瘦猪肉切成长 5 厘米、宽 2 厘米、厚 0.2 厘米的肉片，拌入酱油、川盐、胡椒、豆瓣酱、醪糟汁、红糖、生菜油，然后再入米粉拌匀。净牛肉切成同猪肉一样大的片，除了拌入上述调料外，另加上豆腐乳汁拌匀。净鱼肉用刀斜片成长 5 厘米、宽 2 厘米、厚 1 厘米的鱼片，除了拌入上述猪肉片调料外，另加入白糖（去掉红糖）、泡辣椒节拌匀待用。

3. 蒸肉。取一个直径约 30 厘米的小圆竹笼，将分别拌味的三料整齐而有间隔地在笼内摆好，然后入开水锅内加盖蒸约 30 分钟，将笼端出置放在大圆盘中，揭去笼盖，撒上花椒面、干辣椒面、葱花、香菜，淋上香油原笼入席。

备注

1. 拌制各料时应先将调料拌匀后,再将花椒米粉加入轻轻拌合均匀,以免死板不丰满。
2. 三种原样应分别拌味, 调料应在拌时加足, 装笼时应间隔摆三方成形。
3. 蒸时应用旺火沸水, 防止塌气, 以免菜品成形不好, 影响美观。

大千酿豆腐

豆腐是百姓家中的寻常之物，能烹制出无数的豆腐美味。大千先生的母亲也很会烹调，父亲也很会品吃，父母亲烹调出的菜品为大千留下了难忘的印象。家乡的家常酿豆腐成为他以后乡土、乡情、乡味的思念之物。豆腐包裹肥猪肉馅，油炸成金黄色，再加香菇、笋片即蔬菜烧至成菜。此菜豆腐酥香软嫩滋味鲜美，风味怡人。

原料

豆腐	250 克	姜片	250 克
猪肉	250 克	湿淀粉	250 克
笋片	250 克	川盐	250 克
香菇	250 克	胡椒	250 克
西红柿	250 克	味精	250 克
葱白	250 克	金钩	250 克
姜葱	250 克		

烹制方法

1. 将豆腐用刀改成长约 4.5 厘米、宽约 3.5 厘米、厚约 0.5 厘米的块，入油锅炸成橙黄色捞起待用。香菇、冬笋、西红柿切片，葱白切沫待用。

2. 将猪肉用刀剁成茸泥，放入盆内，加鸡蛋一个，金钩剁细，胡椒 1 克，川盐 2 克，味精 1 克，湿淀粉 30 克，搅拌成肉馅。将豆腐一边用刀划一口，酿入肉馅，然后再用蛋清豆腐封住口子，入油锅炸，肉在油炸成金黄时捞起。

锅内下化猪油烧至六成热放入姜葱煸炒出香味，即下豆腐汤，再放入香菇、笋片与川盐、味精同烧 30 秒后，西红柿、葱白、湿淀粉勾浆芡起锅装入盘内即成。

大千樱桃鸡

张大千的烹饪艺术造诣成就他成为当今画坛上知名的美食家和烹饪家。这一是得益于他家庭烹饪技艺的影响。二是得益于他与名厨交往时接受的指导。三是他在游历世界各地时，吃得多见得多，丰富了烹饪艺术的积累。四是他善于创新，融合中西菜肴，使吃和养生相结合，形成了大千菜的艺术。

他与名厨交往情谊最深的是侨居日本的川菜大师陈建明，他被张大千赞誉为海内第一大厨师，他的厨艺十分精湛，曾在日本举办中国菜料理学院，也出版了不少书籍，将中国菜介绍到海外。此外，他曾在日本电视台献艺，并为日本天皇做过不少川菜，深受日本人喜爱。

张大千与陈建明大师相逢，陈建明将"大千樱桃鸡"的拿手菜品献给张大千，大千每食之都赞不绝口。后来张大千将此菜略加变动创新，收入在自己的菜单之中。

樱桃鸡系大千先生创制的著名风味菜肴之一。采用干辣椒、花椒、辣酱豆瓣烹炒田鸡腿而成。因成菜后田鸡腿色如绯红樱桃而得名。其肉细嫩，味香辣，鲜美可口。

此菜早年因流传于中国的港、澳、台，以及日本等地而享有声誉。

原料				
净田鸡腿	250 克	川盐	5 克
青辣椒	50 克	白糖	5 克
葱白	25 克	醋	2 克
干红辣椒	5 克	胡椒粉	1 克
花椒	10 余粒	味精	2 克
辣酱豆瓣	25 克	湿淀粉	25 克
老姜	5 克	鲜汤	50 克
酱油	15 克	菜油	100 克

烹制方法

1. 田鸡剐皮，只取用腿部，将田鸡腿宰成大小约2厘米的块，码上川盐2克、湿淀粉10克。

2. 青椒切成2厘米大的块，葱白切成1.5厘米的小段，干辣椒去蒂、去籽切成1厘米长的节，姜去皮切成1厘米大的指甲片，豆瓣剁茸。

3. 另将川盐8克，酱油、白糖、醋、味精、胡椒粉、湿淀粉15克加鲜汤兑成滋汁待用。

4. 炒锅置旺火上，下菜油烧至七成热，放入干辣椒节、花椒炸成金红色，投入田鸡腿炒至发白，随即下豆瓣炒至色红味香时，下姜片、青椒块、葱颗炒转，烹入滋汁炒匀，簸转起锅盛于盘内即成。

备注

1. 田鸡学名青蛙。烹制比菜如选用鲜嫩、肉肥的黄皮田鸡腿，其风味更佳。

2. 烹制时动作宜快，应用急火短炒的方法进行，而不能掺汤烧焖，否则风味全失。

3. 此菜已收入日本紫田书店出版的《四川常谱集》一书。

编者按：青蛙系有益动物，应加以保护，读者如欲品尝此菜，建议以牛蛙代之，可获同效。

大千红烧大肉

  大千先生既喜珍蔬小馔，又善啖大肉。各地制作的红烧肉虽然大同小异，但其风味各具特色。大千先生所做红烧大肉更有其独到之处，其做法特别，风味独具特色，深受大家的喜爱。

  大千先生仿效苏东坡烹制东坡肉的做法，创制了红烧大肉。张大千喜吃、善吃、能吃。作画要消耗大量的脑力和体力，红烧肉就是最好的补充。且能解馋。大千先生将五花猪肉切成正方形大块，先将猪肉在炭火上微烤至肉皮呈焦黄黑色，放入热水内泡约15分钟，用小刀刮去烤焦的黑皮，呈现黄色时用清

水洗净。在瓦钵中置放猪骨垫底，上面再放猪肉块用炒制好的冰糖上色（其色金红发亮，不能炒黑发苦）再放入姜、葱、川盐及其他调料。一次掺足水，用小火慢慢煨烧，烧至猪肉块烂而成形，色泽金红发亮，味道可口诱人。大千先生每次要吃上两大块才能直呼过隐。可见大千先生自创的红烧大肉真是别具风味。

原料				
	五花猪肉	1 000 克	八角	1 克
	内江冰糖	50 克	山奈	1 克
	猪碎骨	250 克	川盐	5 克
	老姜	25 克	鲜汤	2 000 克
	葱	25 克	化猪油	50 克

烹制方法

1. 将五花猪肉镊尽细毛，放在炭火上微烤至肉皮呈焦黄黑色，放入热水内泡约15分钟，用小刀刮去烤焦的黑皮，呈现出黄色时用清水洗净，用刀改切成长宽均是8厘米正方形大块（一般改为八块）待用。老姜拍破，葱挽成结。

2. 砂锅洗净，放入化猪油加冰糖炒成冰糖色（要求冰糖色金红发亮，不能炒黑发苦）。取用瓦钵先放上猪碎骨垫底，上面再放猪肉块，下川盐、姜、葱、八角、山奈、冰糖，掺汤烧开后，打去面上泡沫后加盖用小火慢慢煨烧，烧至肉匀糯香味浓时，去掉姜、葱、八角、山奈不用，将猪肉带原汁盛于盘内即可。

备注

1. 烧肉时，一定要一次加够调料，切勿中途掺水，以免影响质量。
2. 注意烧煨的时间与火候，保持猪肉炟烂成形，色泽金红发亮。

清炖牛肉汤

大千先生烹制的牛肉汤，采用小火煨炖，讲究一次掺足汤水，并加用甘蔗一节，陈皮一小块，制作成汤色清亮、肉柔糯化渣、味道鲜香、风味别致的牛肉汤菜。

烹制方法

1. 选用黄牛肉腑肋部分，按横筋切成8厘米大的块，用清水漂尽血水。白萝卜去皮切成4厘米大小的斜方块。甘蔗洗净拍破，老姜拍破，葱挽结。

2. 鼎锅洗净，放入牛肉，掺清水2 500克，用旺火烧沸，撇去泡沫，即下葱、姜、甘蔗、陈皮、花椒、料酒，移于小火上煨炖。炖至牛肉快烂时，用漏丝瓢打去姜、葱、甘蔗、陈皮、花椒及其他杂质，保持汤色清亮，下白萝卜块、川盐炖，直至牛肉烂糯为止。（前后需4～5个小时）舀入盅内，在碟中加入味精、麻油、豆瓣辣酱沾食。

备注

1. 炖牛肉加甘蔗、陈皮，起到去腥膻气味的作用，而且更容易使牛肉烂香。

2. 炖牛肉使用小火保持汤微开，一次性掺足水，切勿中途掺水，影响汤质。

原料

原料	用量
黄牛肉	2 500 克
白萝卜	500 克
甘蔗1节	100 克
陈皮1块	2 克
老姜	25 克
葱	25 克
花椒	20 粒
料酒	100 克
川盐	10 克

清汤鸡膏

大千先生在烹制菜肴中，对汤菜很有研究，除前面已介绍的几种外，清汤鸡膏也是一绝。首先，将鸡脯肉捶成茸泥，然后加入其他原料搅成鸡糁，经改刀、灌入清汤即成。"鸡膏汤"，其味鲜美，富含营养，且鸡肉细嫩如膏，入口即化，风味别致。

原料

鸡脯肉	150 克	川盐	5 克
猪生板油	50 克	味精	1 克
口蘑	10 克	胡椒粉	1 克
熟火腿	10 克	特制清汤	750 克
鸡蛋清	50 克	老姜	25 克
菜心	50 克	葱	25 克

烹制方法

1. 将鸡脯肉去筋，与猪板油分别捶成茸泥，盛入盆内，加姜、葱、水调散，下川盐 2 克、鸡蛋清、板油茸、味精 0.5 克、胡椒粉 0.5 克，用力搅匀成鸡糁。

2. 取小方磁盘 1 个，抹上猪油，倒入鸡糁，抹平成 1.5 厘米厚，上笼用旺火蒸 5 分钟，取出晾冷，用刀改成长 4 厘米、宽 1.5 厘米的条待用。将火腿、口蘑改成小片，菜心择洗干净。

3. 锅内掺清汤，下川盐、胡椒粉，烧开后撇去浮沫，下菜心、口蘑、火腿，放入鸡膏条煮开，下味精，立即舀入汤碗即成。

备注

1. 鸡糁用料应注意盐、蛋、水的比例，制作鸡糁宜嫩不宜老。

2. 蒸鸡糁不能用旺火，只能用小火，注意掌握好蒸的时间（3～5 分钟）。

清汤腰脆

侨居在海外的川菜大师陈建明因其厨艺高超被张大千先生赞誉为"海外第一大厨",陈建明烹制清汤腰脆,既要去掉腥骚味,又要保持猪腰嫩脆鲜。火候掌握那可是分秒之间,稍长则过老,稍短则过嫩,都影响菜品风味。张大千先生十分欣赏陈大厨技艺,将本菜收录成(张大千家宴)菜品之一。此菜精工烹制,猪腰嫩脆,汤色清亮,味道鲜美,风味别致。

原料

猪腰	4个(约400克)
水发口蘑	20克
豌豆苗	10克
老姜	10克
花椒	10余粒
葱	25克
川盐	5克
胡椒	3克
味精	3克
料酒	10克
特制清汤	750克

烹制方法

1. 选用色白大猪腰洗净，平片成两块，再平刀片去腰臊，割成十字花纹，改成长约4厘米、宽2.6厘米的长方形块，放入冷水盆中加姜、葱、花椒漂5分钟，去血腥臊味待用。豌豆苗洗净放入大汤碗内。

2. 锅内下特制清汤，加川盐、料酒、胡椒、味精、口蘑、豌豆苗，烧开待用。

3. 净锅掺水烧开，下猪腰块余至呈现花纹状立即捞起，入清汤锅内"冒"一下，连同清汤一并舀入大汤碗内即成。

备注

1. 清汤的制作方法，请参照"干烧鲟鳇翅"备注部分。

2. 此道菜整理时，参考了日本出版的《中华宴席料理》中"大风堂酒席菜品"一文。

大千丸子汤

　　大千丸子汤是张家的一款特色汤菜品。大千先生的父亲很爱吃，母亲也很会做。大千儿时，母亲做了不少家庭风味菜，如家常豆腐、家常羊肉末、豆瓣鱼、冬菜肉末……其中家常丸子汤给他留下了最深的印象。大千丸子汤是大千亲属们在"大千风味菜研讨会上"提供的。

　　大千丸子汤的做法独特，不同于其他的丸子汤。先将鲜汤中加入黄花、木耳、冬菜尖等多种辅料，突出冬菜尖的鲜香味；取用肥三瘦七的猪肉用刀宰成细颗粒，加花椒、胡椒、姜末、葱花、鸡蛋等调料搅拌成馅，做成肉丸子下锅。特别突出肉丸子葱、花椒之香味，煮好的肉丸子吃在嘴里既嚼劲实在，又爽口化渣、味香鲜嫩，汤中也突出了淡淡的冬菜尖香味。此汤有浓厚的家乡风味。

　　这是大千先生家传留下的秘制丸子汤。张大千先生烹制丸子汤的方法独特，先将鲜汤加冬菜尖、榨菜、黄花、木耳等多种辅料吊汤。然后再将猪肉宰成肉茸，拌以刀口花椒、胡椒，姜米、葱花、鸡蛋等调料，做成丸子下锅。成菜后汤鲜味美，丸子细嫩化渣，家常风味特别浓厚。

原料				
肥瘦猪肉	250 克	川盐	5 克
冬菜尖	25 克	姜米	5 克
榨菜	25 克	刀口花椒	10 余粒
水发黄花	30 克	湿淀粉	25 克
水发木耳	30 克	胡椒粉	1.5 克
水发粉丝	50 克	味精	1.5 克
大葱	25 克	鲜汤	750 克
鲜菜心	1 个	香油	10 克
鸡蛋	25 克		

烹制方法

1. 选用三成肥、七成瘦的猪肉，用刀口将其剁茸，放入碗内，加姜米、刀口花椒、川盐、鸡蛋、葱花、混淀粉拌匀成肉馅。

2. 锅内下鲜汤，加冬菜尖节、榨菜片、黄花、木耳吊好汤味，锅内保持微开。然后将肉馅用手挤成2.5厘米（直径）大的丸子，放入锅内。待丸子煮熟后，打去浮沫，下鲜菜心、粉丝，再加入川盐、味精、胡椒。搅转起锅舀入大汤碗内，滴香油即成。

六一丝

这是张大千先生在六十一岁生辰时，侨居日本籍的川菜烹饪大师陈建明先生特意为大千的生日设计的一款菜式，取用六料烹饪原料的鱿鱼丝、绿豆芽、酱瓜、辣椒、青黄瓜，金针菇清炒后装入一盘，暗合张大千六十一岁生日吉祥。此菜质地略带脆劲，清淡鲜香，味美可口，大千先生非常喜欢这款菜式，将此菜收录在大风堂酒席菜单中，每当宾客到来，常用此菜风味款待嘉宾，成为大千风味的特色菜。

原料				
干鱿鱼	50 克	辣椒	50 克
绿豆芽	50 克	川盐	2 克
酱瓜	50 克	味精	2 克
金针菇	50 克	化猪油	100 克
青黄瓜	50 克		

烹制方法

1. 先将干鱿鱼切成细丝，先用开水滚烫后泌去水待用。绿豆芽掐去须根，韭黄切成寸节，再将酱瓜、青辣椒、青黄瓜切成细丝待用。

2. 炒锅置旺火上，下化猪油烧至六成热时，先投入鱿鱼丝炒一下成金黄色时，即下酱瓜丝，绿豆芽、青红辣椒丝、韭黄炒至断生时，下川盐，味精炒匀起锅盛于盘内即成。

臊子胡萝卜茸

　　胡萝卜其色如玛瑙，虽是一种普通的蔬菜，却深得大千先生慧眼赏识。选取绯红色的胡萝卜，用小刀刮制成茸，配以肉末，烹制成臊子胡萝卜茸。成菜后味鲜微辣，色泽红亮，灿如云霞，犹如一幅绚丽而又富立体感的画卷，从烹饪角度上也展现出先生雄厚的丹青功力。

原料				
瘦猪肉	200 克	湿淀粉	15 克
胡萝卜	250 克	胡椒粉	1 克
青蒜苗	50 克	味精	1 克
元红豆瓣	20 克	鲜汤	少许
老姜	5 克	菜油	150 克
酱油	15 克	姜米	少许

烹制方法

　　1. 将瘦猪肉洗净，宰成茸泥，胡萝卜洗净刮去粗皮，再用小刀刮成细茸（不用胡萝卜黄心），然后将胡萝卜茸挤去水分，并用刀排斩细，青蒜苗切成细颗，姜宰成细末。

　　2. 将酱油、胡椒粉、味精、湿淀粉与鲜汤兑成滋汁。

　　3. 炒锅炙后，置旺火上，下菜油烧至六成热，投入肉末炝炒，下姜米、元红豆瓣炒至色红味香时，下胡萝卜炒至断生，再下青蒜苗，烹入滋汁，簸转起锅即成。

备注

　　1. 取用大根胡萝卜洗净刮去粗皮，再用小刀或竹片刮成细茸。

　　2. 炒萝卜肉茸时应突出色红、油亮，并有汁芡。

冬菜肉末

张大千先生对内江、资中冬菜尖的质地、口味颇爱好，喜做"冬菜肉末"。冬菜尖清香脆嫩，与肉末合烹，成菜干香脆嫩，香奇味美，兼具糊辣和花椒之香，极为爽口，是佐餐佳品。

原料

肥瘦猪肉	150 克
冬菜尖	250 克
干红辣椒	10 克
花椒	1 克
老姜	2 克
四季葱	25 克
酱油	6 克
味精	1.5 克
香油	10 克
菜油	100 克
姜米	少许

烹制方法

1. 将肥瘦猪肉洗净，用刀宰成细末，放入碗内加酱油码匀。冬菜尖洗净宰成碎末，干红辣椒去蒂、去籽，切成约 1 厘米长的节，老姜剁成碎末，四季葱切成细葱花。

2. 炒锅置旺火上，下菜油烧至六成热时，下干红辣椒、花椒炒香，投入肉末、姜米，焅炒至水分渐干时，下冬菜末炒香，加入葱花、味精、香油，簸转起锅装入盘内即成。

备注

1. 内江、资中冬菜尖已有 200 年历史，取用陈年冬菜尖烹制，其味更加悠香。

2. 冬菜尖须洗尽泥沙杂质，烹制时须将肉末炒干水分后再与冬菜尖合炒，其味更佳。

珊瑚肉丸

将胡萝卜用小刀刮成茸泥，然后配以猪肉茸、鸡蛋，经过炸、烧烹制成菜。其成菜色如红珊瑚，酥软味美，爽口化渣，具有鲜明的乡土风味特点。

原料				
胡萝卜	400 克	川盐		5 克
肥瘦猪肉	200 克	酱油		5 克
鸡蛋	1 个	胡椒粉		1 克
水发玉兰片	40 克	味精		1.5 克
水发木耳	25 克	湿淀粉		50 克
马耳朵葱	20 克	鲜汤		500 克
姜片	2 克	香油		1 克
菜心	50 克	菜油	500 克（实耗 100 克）	
姜米	少许			

烹制方法

1. 胡萝卜洗净，用小刀或竹筷将粗皮刮去，然后刮成茸（黄心不用），再用刀剁细。肥瘦猪肉用刀剁成细茸。老姜去皮铡成细末。

2. 把胡萝卜茸、肉茸同盛于盆内，加川盐 3 克、鸡蛋、姜米、湿淀粉 40 克、胡椒粉 0.5 克，用力搅匀成萝卜肉茸。

3. 锅内菜油烧至七成热，用手将萝卜肉茸挤成直径约 2.5 厘米大的丸子，边挤边下入油锅内炸至呈浅黄色时捞起。

4. 炒锅炙后，下菜油 10 克，烧至六成热，放入姜片、马耳朵葱、水发玉兰片炝炒出香味，下经炸制的丸子，掺鲜汤，下川盐、酱油、胡椒粉，待丸子烧入味，下菜心、水发木耳，湿淀粉勾芡，加味精推转，淋入香油，起锅盛入盘内即成。

家常鳝鱼

20 世纪 80 年代在张大千风味菜肴研讨会上，大千的亲属们谈及了张大千和其生前喜吃擅做家乡的家常风味。其中就谈到家常鳝鱼尤有特色风味。

鳝鱼去骨和头尾，洗净血污，带骨用刀宰成小段，以旺火热油煸干水分，佐以干辣椒、花椒、胡椒、郫县豆瓣煸炒后再掺汤，改用中火烹烧而成。成菜后色泽红亮，鳝鱼细嫩，味浓鲜香，带有浓厚的地方家常风味。

原料

原料	用量
鳝鱼	750 克
芹菜	50 克
独蒜	100 克
干辣椒	7.5 克
花椒	10 余粒
老姜	10 克
小葱	25 克
醪糟汁	15 克
胡椒粉	1.5 克
川盐	1 克
泡辣椒	15 克
酱油	15 克
醋	少许
郫县豆瓣	15 克
味精	1.5 克
鲜汤	250 克
刀口花椒	1 克
菜油	100 克
姜米	少许

烹制方法

1. 将鳝鱼剖腹去内脏，宰去头尾，洗净血污，带骨切成5厘米长的节。独蒜去皮，芹菜洗净切成3.5厘米长节，老姜去皮宰成碎米，小葱切成细花，豆瓣剁细。

2. 炒锅置旺火上，下菜油烧至七八成热，放入干辣椒、花椒炸香。随即下鳝鱼煸炒，炒至鳝鱼（皮）起泡时，下郫县豆瓣、泡辣椒、姜米。同炒至色红味香时，下醪糟汁、掺鲜汤，下独蒜、川盐、胡椒粉、酱油。耙至鳝鱼耙软汁浓时，下芹菜、湿淀粉、味精勾芡起锅盛入盘内，撒上刀口花椒末及葱花即成。

备注

1. 选用肚黄肉厚的鳝鱼烹制更佳。
2. 勾芡汁应突出亮油亮汁。
3. 烹制鳝鱼时的调料应加足，才能突出浓厚家常风味。

泡菜烧鱼

大千先生经常深入民间作画，在民间食用家常泡菜鱼后，深觉其味鲜美无比且开胃口，因而将其制法和泡菜原料略加变化，制成了自己最喜吃的"泡菜烧鱼"。成菜后，鱼肉细嫩，味咸鲜微辣，带有浓郁的泡菜香味。有浓厚的民间乡土风味特色。

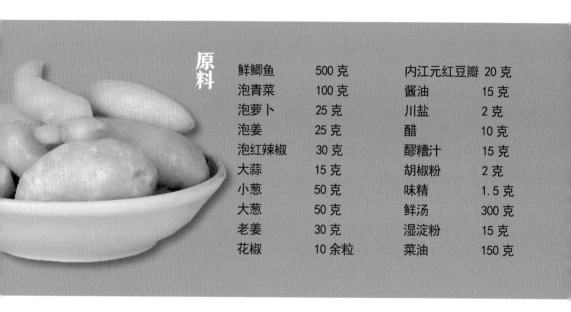

原料				
鲜鲫鱼	500 克	内江元红豆瓣	20 克
泡青菜	100 克	酱油	15 克
泡萝卜	25 克	川盐	2 克
泡姜	25 克	醋	10 克
泡红辣椒	30 克	醪糟汁	15 克
大蒜	15 克	胡椒粉	2 克
小葱	50 克	味精	1.5 克
大葱	50 克	鲜汤	300 克
老姜	30 克	湿淀粉	15 克
花椒	10 余粒	菜油	150 克

烹制方法

1. 鲫鱼去鳞、鳃，剖腹去内脏洗净，抹上川盐、老姜（拍破）、大葱（切段）码味。泡青菜、泡萝卜切成细丝，泡红辣椒去蒂、去籽，一半（15 克）宰细，一半切成 2 厘米长的节。泡姜、大蒜剁细。

2. 炒锅置旺火上，下油烧至七成热，放入鲫鱼，将鱼身两面微煎一下，拨至锅边。用锅内余油，下泡红辣椒末、内江元红豆瓣、泡姜、切好的泡青菜丝、大蒜炝炒至色红

味香时，将鱼拨在锅中。烹入醪糟汁，掺鲜汤，下酱油、胡椒粉、白糖、泡红辣椒节、花椒等烧开，移中火上烧至鱼熟汁稠时，将鱼轻铲入盘内。汁留锅内，下葱花、醋、味精、湿淀粉勾芡淋于鱼上即成。

备注

1. 大千先生十分钟爱具有地方风味的四川泡菜，烧泡菜鱼的原料不拘一格，凡能烧鱼入味的泡菜他都取而烹之，使此道菜具有浓郁的地方特色。

2. 泡菜鱼系夏令时菜，冷吃热吃均可。

蜜味蛋泥

这款菜肴是大千先生吸取南北饮食风味技艺，以内江家乡的蜜饯特产为调料，烹调出的甜食既有蛋泥甜香，又有蜜饯芳香。蛋泥色黄油亮，蜜饯香甜，爽口不腻，是大千先生宴请宾客不可缺少的甜菜品之一。

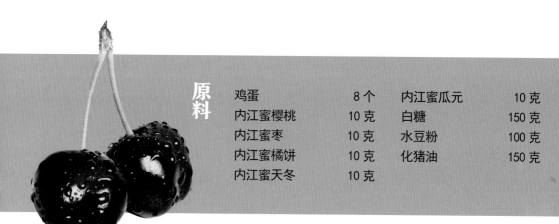

原料				
鸡蛋	8个	内江蜜瓜元	10克
内江蜜樱桃	10克	白糖	150克
内江蜜枣	10克	水豆粉	100克
内江蜜橘饼	10克	化猪油	150克
内江蜜天冬	10克		

烹制方法

1. 将鸡蛋打破，只取用蛋黄，用竹筷搅散，加水豆粉和清水100克，搅匀成蛋浆液待用。

2. 蜜樱桃、橘饼、天冬、瓜元、蜜枣用刀切成细颗粒和匀待用。

3. 炒锅洗净置中火上，下化猪油100克烧至六成热。倒入蛋液慢慢翻炒，边炒边加入其余50克化猪油，炒至蛋液吐油翻砂时，下白糖炒融化，并放入一半蜜饯颗粒合炒均匀。起锅盛入圆盘，在蛋泥面上撒上其余一半蜜饯颗粒即成。

江山无尽（什锦拉面）

大千先生一生创作了不计其数的国画艺术珍品。他用绘画的艺术来创制名菜，又用名菜蕴含的艺术来丰富创作国画的灵感，这是大千先生毕生追求的艺术境界。

他用仔鸭加清汤适型成菜体现他国画"倚柳春愁"的风格，即以之为菜名。石斑鱼、番茄、竹剪、蘑菇加清汤用他的国画"清池游鱼"为菜名。用1公斤重公鸡加辣椒、茄子做成菜肴体现了"敏帽为四川"的画画风格。大千先生喜画荷叶、荷花,他的"荷塘泛舟"之佳作，用汤圆加莲米做成名小吃体现在名画中。

《江山无尽》是张大千创作的一幅山水国画。大千先生在西北敦煌临摹石刻时，曾十分喜爱品吃兰州拉面，自己创造了什锦拉面。其面条质地柔滑，馅料丰富，其味鲜美可口，尤其色彩纷呈，正是体现了国画艺术的多姿多彩。先将熟猪肉、熟火腿、冬笋、冬菇、水发海参、口磨均切成细小指甲片形,黄花木耳、番茄也切成小节片,

原料				
特级面粉	500 克	口蘑	15 克
熟猪肉	20 克	番茄	20 克
熟火腿	20 克	黄花木耳	20 克
鲜虾仁	20 克	四季葱	10 克
冬笋	15 克	川盐	5 克
冬菇	15 克	味精	5 克
水发海参	20 克	鲜汤	1 000 克
白碱	1 克		

用猪油炒制掺汤，再用水豆粉勾成二流汁芡即成面馅。将手工拉制的细面条入开水锅煮，至面条熟软柔滑时，捞入碗中，舀入什锦馅，面馅呈现出红、黄、绿、白、黑的色彩，恰似他的《江山无尽》名画的色彩。什锦拉面极好地体现了大千先生以国画艺术融入名菜创作的这一显著特色。

烹制方法

1. 将特级面粉加白碱 2 克、川盐 1 克和水揉成面团约 30 分钟。再甩手拉成细面条。

2. 将熟猪肉、熟火腿、冬笋、冬菇、鲜虾仁、水发海参、口蘑均切成细小指甲片形。黄花、木耳切成小节片，水发海参、番茄切成细颗粒待用。

3. 先将锅中掺水烧开，放入拉面条煮至 1 滚立即捞起，放入另一锅中加入鲜汤，加入以上各色原料同煮，再下入川盐、味精、煮至面条熟软、馅料各味溢出时，先将面条分装 10 个小汤碗内，再将馅料连汤盛于面条碗内，撒上葱花即成。

蜜味汤圆

汤圆是我国传统食品，各地皆有不同特色风味的汤圆。在内江，每逢佳节，都有喜食汤圆的习俗。汤圆分甜、咸两种。汤圆一年四季都有卖，内江人钟情于自己的蜜味汤圆。内江人以蜜饯、冰糖和白糖做馅，包入湿糯米粉中制成圆形，使其汤圆味道更加香甜，糍糯爽口。

大千先生钟情于家乡的蜜饯，更难忘儿时品尝母亲亲手制作的家乡蜜饯汤圆。20世纪80年代，《内江市志》编撰完成，家乡人请大千先生题写书名，顺带捎去内江蜜饯，张大千见到故乡的蜜饯，欣喜不已，又勾起他对故乡的思念，欣然挥笔题写了《内江市志》书名。

张大千的故乡——内江盛产白糖、冰糖、蜜饯。有着几百年制糖的悠久历史，享誉"甜城""甜都"之美名。

此汤圆取用上等糯米，以内江蜜饯为馅料，精工烹制成与各地特色不同的汤圆。汤圆糍糯，蜜味芳香，营养可口。

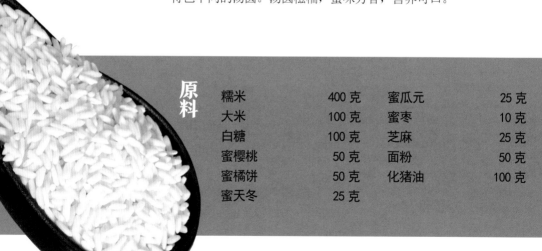

原料			
糯米	400 克	蜜瓜元	25 克
大米	100 克	蜜枣	10 克
白糖	100 克	芝麻	25 克
蜜樱桃	50 克	面粉	50 克
蜜橘饼	50 克	化猪油	100 克
蜜天冬	25 克		

烹制方法

　　1. 将糯米、大米一同放入盆内，用清水淘洗干净，然后用清水泡约 2 天（冬、夏季 1 天），泡至糯米色白，水清明亮，用石磨磨成极细的粉浆，装入布口袋吊干水分，即成二米吊浆糯米粉。

　　2. 各种蜜饯用刀铡成细粒，加白糖、芝麻（炒香捣细）、面粉一起拌匀成蜜饯馅。

　　3. 取粉子（50 克约做 4 个汤圆）搓圆后略压扁，放入蜜饯馅，封严包紧再搓成圆形，投入翻滚的开水锅内煮至汤圆浮上水面，用手指试按有弹性时，即舀入碗内食用。

大千干臊子面

资中冬菜与涪陵榨菜、宜宾芽菜、内江大头菜并称为四川四大名腌菜。冬菜清香、细嫩、味美,是烹饪极佳的佐料。

大千先生早年在资中作画,留下的资州八景图,至今为后人誉为画中精品。大千先生在资中时,受到友人邀请,品赏美味佳肴,有许多是以冬菜为料做成的,有冬菜烧白、冬菜烧肉、冬菜牛肉汤……其中资中冬菜臊子面,为他留下了深刻印象。此面食无汤汁,既具肉末干香,又具冬菜的清香,面条细滑,别具风味。

大千先生在海外漂泊时,经常梦牵魂绕的是家乡的红烧牛肉面和冬菜尖干臊子面。冬菜尖干臊子面因其独特的美味令大师念念不忘。为此,他经过认真研究,在传统的做法上改进并创制了大千干臊子面。

大千干臊子面

猪肉末加冬菜尖,烹制成面臊是大千先生特别喜爱吃的家乡风味小吃。此面食无汤汁,臊子干香,并具冬菜的清香味,面条细滑,别具风味,留下了他难忘乡土的故乡思恋。

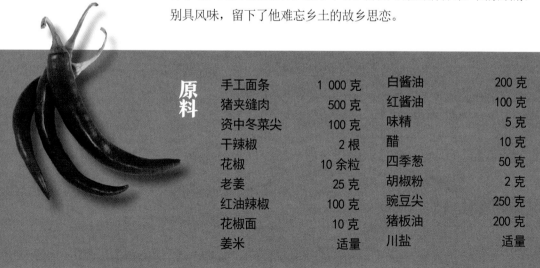

原料				
手工面条	1 000 克	白酱油	200 克
猪夹缝肉	500 克	红酱油	100 克
资中冬菜尖	100 克	味精	5 克
干辣椒	2 根	醋	10 克
花椒	10 余粒	四季葱	50 克
老姜	25 克	胡椒粉	2 克
红油辣椒	100 克	豌豆尖	250 克
花椒面	10 克	猪板油	200 克
姜米	适量	川盐	适量

烹制方法

1. 猪夹缝肉、冬菜尖、老姜分别洗净用刀剁细，四季葱洗净切成细葱花，干辣椒去蒂、去籽切成2厘米长的节。

2. 用小碗10个，分别盛入白酱油、醋、红油辣椒、花椒面、味精、猪板油（100克）作调味底料。

3. 炒锅洗净置旺火上，下入猪板油100克烧至六成热，下干辣椒、花椒，放入肉末焖炒，同时下姜米、胡椒粉、川盐、酱油一起，炒至肉末酥香、水分渐干时，再投入冬菜尖末一起炒香，盛入碗内作面臊。

4. 鼎锅掺清水用旺火烧开后，将豌豆尖入开水锅内烫一下分别盛入10个调料碗中，再将手工面条放入开水锅内煮至断生浮面时，把面捞起分盛于碗内，面上舀上冬菜肉末臊子即可。

备注

1. 面的调味底料应一次加足。焖炒冬菜肉末馅一定要炒干水分，食之更香。

2. 煮面时应用旺火。豌豆尖也可待面条浮于水面时下入，待断生时同面条一起捞起。

红烧牛肉面

伴随张大千七年之久的秘书冯幼衡女士在她的著作《形象之外》书中《张大千请吃牛肉面》一文中详细介绍了张大千先生在台湾摩耶精舍家中为了款待宾客，亲自下厨烹调。那天张大千先生专门制作两款牛肉面，一味清炖，一味红烧，其风味之正宗，吃得客人开怀尽颜。

红烧牛肉面是一味普通的川味面食，也是大千先生喜吃擅做的面食小吃之一。他讲究烧焖、用料、调味。此道小吃面条细滑、牛肉炒香、麻辣味浓。

原料				
手工水面	1 000 克	胡椒粉	2 克
黄牛肉	500 克	味精	10 克
辣酱豆瓣	50 克	川盐	15 克
干辣椒节	5 克	大葱	50 克
花椒	20 粒	红酱油	100 克
老姜	25 克	白酱油	100 克
四季葱	50 克	醋	40 克
八角	2 克	牛肉汤	500 克
山柰	2 克	菜油	100 克
花椒面	10 克	化猪油	100 克
红油辣椒	100 克	香菜	100 克

烹制方法

1. 干辣椒去蒂、去籽切成节，老姜洗净拍破，辣酱豆瓣剁细，选用腑肋牛肉洗净切成2厘米见方的小坨。香菜洗净切成1厘米长的段。

2. 炒锅洗净置火上，下菜油烧至七成热时，放入老姜、葱、花椒、干辣椒节，即下肉爆出大汗，再下辣酱豆瓣一同炒香，掺清水，下川盐、酱油、胡椒、八角、山柰等调料烧开后，打去泡沫，加盖用小火慢慢炖次入味，见牛肉炖香、汁稠浓时拣去姜、葱、八角、山柰待用。

3. 取10个小碗，将白酱油、醋、红油辣椒、花椒、味精、化猪油、小葱花、牛肉汤分盛于10个碗内作调料。

4. 鼎锅内掺清水烧开，投入面条煮至断生浮面时，速用竹面篓捞起分盛于10个碗内，每碗面上舀上带汁牛肉馅，撒上香菜即成。

魔芋鸡翅

大千先生不仅品尝过四川名菜"魔芋鸭子"，也曾游历各地，品尝青城山、峨眉山的"魔芋烧鸡"，他取其所长，并有所独创，采用鸡全身最活动的部位鸡翅与魔芋同烧，创制了"魔芋鸡翅"这一美味佳肴，食之令人叫绝。此菜色泽红亮，鸡翅炒软，魔芋味浓，鲜香可口。

原料

原料	用量
仔公鸡翅	10 对
水魔芋	750 克
蒜苗	50 克
辣酱豆瓣	40 克
酱油	25 克
川盐	5 克
老姜	20 克
葱白	25 克
花椒	15 粒
胡椒粉	1 克
料酒	25 克
鲜汤	1 000 克
湿淀粉	20 克
混合油	150 克

烹制方法

1. 将每根鸡翅宰成两节（翅尖不用），入开水锅内氽一下待用，水魔芋改成5厘米长、2.6厘米宽的条，入开水锅内氽一下捞起漂入温水中待用。

2. 老姜切片，葱白切成5厘米长的节，蒜苗切成3厘米的马耳朵形，辣酱豆瓣剁细。

3. 炒锅置旺火上，下混合油烧至六成热，下姜、葱、花椒、豆瓣酱炝炒至色红油亮时，掺鲜汤烧开，用小漏丝瓢捞去姜、葱、花椒、豆瓣酱渣，下鸡翅、川盐、酱油、胡椒粉，烧开后移至中火上，待鸡翅烧到快𤆍时，再投入魔芋条一起烧，直至鸡翅𤆍糯，魔芋味浓，锅内汁稠浓时，移至旺火上，下蒜苗、味精，勾芡起锅盛盘即成。

茶熏鸡

大千先生平生不嗜烟酒，唯好品茶，因而常采用茶叶烹制菜肴。他喜茶熏鸡的香味，不时指点厨师改进熏鸡的技艺，遂创名菜茶熏鸡。其成菜色泽金黄发亮，茶香味浓，肉质松嫩爽口。

原料				
仔公鸡一只	约1 000克	花椒	10粒
茶叶	50克	老姜	25克
花生壳末	50克	大葱	50克
八角	1克	川盐	25克
山奈	1克	麻油	2克
小茴香	1克	白卤汁	适量

烹制方法

1. 将仔公鸡宰杀后去毛，去内脏洗净，并用清水漂尽血水，擦尽油皮。放置锅内，掺水加老姜（拍破）、葱（挽结）、八角、山奈、小茴香、川盐、花椒、白卤汁至熟，捞出揩干水分。

2. 另用一口干净锅，锅底置放茶叶、花生壳末，上面再放铁丝网架，置放在火炉上烘热，待初起的黑烟散后，将鸡放在铁丝网架上加盖烟熏。在熏鸡时注意适时翻转，待鸡熏成黄油亮、茶香味浓时即取出。

3. 食时可整鸡上桌，也可将鸡砍成长5厘米、宽1.5厘米的条，在盘内堆摆成全鸡形，淋上麻油、白卤汁即可食用。

备注

1. 熏鸡一定要注意保持鸡皮洁净光亮，否则熏成后会起花斑点，影响美观。
2. 熏制时应用小火，切忌大火，否则熏得糊臭，茶香味尽失。
3. 食时可配软饼。

干烧明虾

大风堂酒席的特色风味菜，将川菜的干烧技艺引入海鲜，不仅丰富了川菜海鲜风味同时也是此菜的特色。此菜色泽红亮，明虾肉质鲜嫩爽口，味成微辣回味悠长。

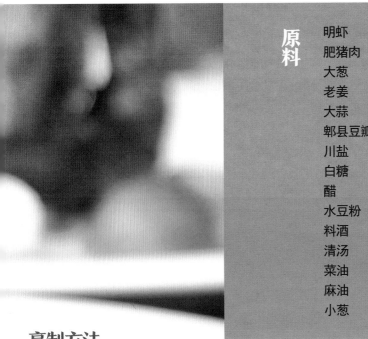

原料		
明虾	500	克
肥猪肉	100	克
大葱	20	克
老姜	5	克
大蒜	5	克
郫县豆瓣	25	克
川盐	2	克
白糖	2	克
醋	3	克
水豆粉	5	克
料酒	25	克
清汤	50	克
菜油	150	克
麻油	20	克
小葱	适量	

烹制方法

1. 明虾剪去须，在触角上剪一刀去沙包，再由颈部剪至尾部去掉沙肠，洗净倒于盆内加川盐，姜葱、料酒腌渍。肥猪肉切成细颗粒，老姜、大蒜、小葱切细颗粒状，郫县豆瓣剁细。

2. 锅置大火上掺水烧沸，放入明虾久煮去腥味捞出待用。

3. 炒锅置旺火上下菜油烧热，放入明虾至断生捞出。锅内另放油50克，下猪肉颗粒炒至香时，下豆瓣酱，姜蒜一起炒，放入明虾即下酱油、川盐、白糖、醋，掺清汤烧透入味，烧至汤汁快干即下少量水豆粉收汁下葱粒及麻油起锅装盘。

红烧狮子头

在大风堂酒席菜单中，常见有红烧狮子头和成都四喜丸子菜名出现，其实是同一类的菜式风味。只因传说狮子头上有几个包，故用九个大丸子做成此菜而得名狮子头。各地的狮子头做法不一样，风味也不一样。此菜是选用肥猪肉剁碎，加鸡蛋、豆粉、绍酒、鲜笋、慈姑、川盐等料拌匀，做成九个大丸子，下油锅炸成金黄色放入蒸碗内，加姜葱、笋片、香菇等料蒸好后，吃时九个大丸子翻扣于大圆盘内，再将蒸好的汁水泌入锅内，加水豆粉勾汁淋上即成。

原料				
肥瘦猪肉	500 克	葱	5 克
金钩	2 克	川盐	5 克
鲜笋	50 克	酱油	5 克
慈姑	50 克	绍酒	20 克
鸡蛋	2 个	肆分	50 克
木耳	5 克	鲜汤	100 克
菜心	50 克	麻油	5 克
香菇	50 克	菜油	500 克（实耗50克）
姜	2 克	化猪油	25 克

烹制方法

1. 肥瘦猪肉用刀剁碎，放入盆内，加入剁碎的荸荠粒、鲜笋粒、金钩、姜粒，加入鸡蛋液、绍酒、盐、水一起搅拌均匀，做成九个大肉丸子。

2. 锅内放入菜油烧至七成热，放入肉丸子炸成金黄色，捞起放入蒸碗内，丸子上面再放姜片、葱节、香菇、笋片，加入白酱油、绍酒、鲜汤上笼蒸熟，将大丸子摆放在大圆盘中，将汤汁倒入锅中，连同切好的笋片和香菇片、木耳、菜心一同烧开，下水豆粉勾芡淋上麻油，浇在丸子上面即成。

备注

1. 选用猪肉的比例应肥三瘦七。
2. 炸丸子应掌握油温，炸制成金黄色即可。
3. 勾汁芡应亮油亮汁，才能使菜品色泽美观。

素烩七珍

大千先生把深山老林生长的野菇菌笋如猴头菌、冬菇、口蘑、冬笋、竹荪用于烹调，可见大千先生独具文人情趣。此菜色泽亮丽、质地鲜嫩，其味鲜美可口，不愧为菌笋之珍品美味。

原料				
水发猴头菌	100 克	老姜	10 克
水发冬菇	100 克	大葱	15 克
口蘑	100 克	盐	2 克
水发竹荪	50 克	湿淀粉	20 克
冬笋	100 克	鲜汤	200 克
牛肝菌	50 克	猪油	50 克
青辣椒	25 克	鸡腿菇	适量
红辣椒	25 克	鸡油	适量
大蒜	10 克		

烹制方法

1. 将水发猴头菌、水发冬菇、牛肝菌、冬笋、鸡腿菇、口蘑分别切成片；水发竹荪切成节；大蒜、老姜切片；青、红辣椒分别切成片；大葱切成马耳朵形状。

2. 炒锅热后，置旺火上，下猪油烧至六成热，投入姜、蒜片，马耳朵葱炒备后，放入以上七珍料，加盐、鲜汤烧30秒钟后下青、红辣椒片，湿淀粉勾芡，淋上鸡油装入盘中即成。

备注

    1. 选用上等的猴头菌，放入干净的容器中加冷水浸泡24小时，再放入开水中浸泡3小时，然后捞出，去掉老根洗净放入盆中，加入高汤、米酒、姜葱、八角、花椒，入笼蒸2小时至猴头菌体软如豆腐为佳。

    2. 选用的原料要新鲜，烹制时，突出芡汁十分明亮。

桃油梨羹

蜀中鲜桃，裂口有浆，即桃浆（也作"桃油"），以罕而贵。其色如琥珀，其味如银耳，其性能润肝肺，若和雪梨同煮，其清醇如甘露。大千先生常烹调与诸友共享美食之乐。

此桃油与鲜梨、蜜樱桃烹制成羹汤，香甜细滑，清心润肺，怡人心爽。

原料

鲜梨	400 克
干桃油	25 克
蜜樱桃	25 克
冰糖	200 克
蛋清	25 克

烹制方法

1. 鲜梨去皮、去核，切成 0.5 厘米见方的颗粒，放入开水锅内氽一下，捞入冷开水中漂起。

2. 干桃油用温热水洗，去净杂质，装入碗内，入笼用旺火蒸耙后取出。

3. 炒锅置旺火上，掺清水，加冰糖烧开融化后，蛋清调散倒入糖开水锅内，待泡沫浮起，用漏丝瓢撇去蛋泡和杂质，此时糖水清亮，放入做好的桃油、梨颗、蜜樱桃煮开一下，舀入大汤碗内即成。

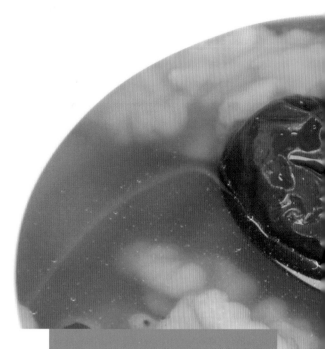

大千养生汤

大千先生不仅注重吃，也注重保健养生。大千养生汤是大千先生生前喜吃的一款养生汤。即将老母鸡和五味果仁（桃仁、花生仁、白果、红枣、枸杞）炖汤食之，具有滋补强身、益智健脑的作用。此汤清淡、味美、鲜香，开胃且爽口益人。

原料

老母鸡肉	约 600 克
白果	约 100 克
桃仁	约 100 克
花生仁	约 100 克
红枣	约 50 克（约 20 个）
枸杞	约 10 克
姜	约 20 克
葱	约 50 克
盐	约 5 克

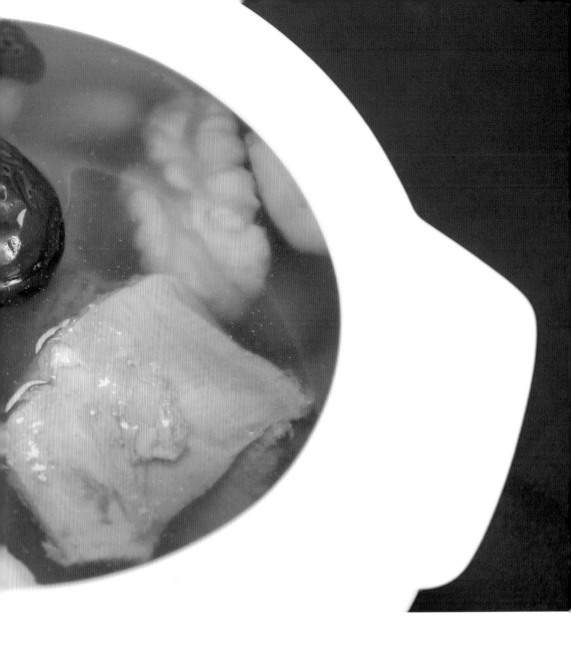

烹制方法

1. 先将老母鸡肉洗净,宰成小块,用开水汆透一下捞起待用。白果、桃仁、花生仁去皮,红枣、枸杞洗净待用。

2. 炖锅掺水烧开后,放入老母鸡肉块、白果、桃仁、花生仁、红枣,加姜、葱、盐炖约 2 小时后,去掉姜、葱不用,下枸杞再炖 10 分钟即成。

鸳鸯火锅

张大千对四川火锅情有独钟，赞叹四川火锅化腐朽为神奇。张大千足迹遍布大江南北，品尝了无数的清汤火锅、菊花火锅、涮羊肉火锅……

菜品

水发海渗	250 克	黄秧白	200 克
水发鱿鱼	250 克	青笋尖	200 克
鲜虾	250 克	香菇	500 克
鲜贝	250 克	金针菇	200 克
牛柳脊肉片	200 克	粉丝	200 克
腰片	200 克		
毛肚片	200 克		
鲜鸭血	200 克		
乌鱼片	200 克		
水发牛筋	200 克		
黄豆筋	250 克		
黄豆芽	250 克		
蒜苗	200 克		
菠菜	200 克		

调料			调味碟	
	郫县豆瓣	400 克		
	干辣椒	50 克	**红汤味碟**	
	花椒	15 克		
	醪糟汁	10 克	香油	200 克
	冰糖	20 克	花椒油	50 克
	盐	25 克	辣椒酱	100 克
	胡椒粉	50 克	盐	适量
	八角	适量		
	山柰	适量	**清汤味碟**	
	肉蔻	适量		
	草果	适量	香油	100 克
	茴香	适量	胡椒面	50 克
	绍酒	适量	盐	适量
	姜	100 克	鲜汤	适量
	葱	50 克		
	枸杞	50 克	**以上各味碟均分成十个碟内沾食。**	
	红枣	50 克		

烹制方法

1. 炒锅洗净，下油，下郫县豆瓣、干辣椒、花椒、香料适量（八角、山柰、肉蔻、草果、茴香）炒至色红味香时掺入鲜汤，再加入醪糟汁、冰糖、绍酒、盐、姜、葱熬制，待汤汁味出、色红味香时，捞出渣料，倒入火锅另一格内，放入牛油红汤锅内。（注：鲜汤是用老鸭、老母鸡、棒子骨加猪肚熬制的。）

2. 将鲜汤倒入火锅的另一格内，加姜片、葱节、枸杞、红枣、胡椒粉等调料即成红、白二汤风味（又称为鸳鸯火锅）。

3. 将火锅及各原料、味碟同时上席，即成。

大千宴菜单

DAQIAN YAN

CAIDAN

蜚声海外的
大风堂酒席

　　"大风堂酒席"是张大千创制的特色酒席，席间所列菜品，被誉为大千风味的正宗菜品。

　　"大风堂"是张大千绘画室兼客室的名字，每当宾客上门拜访，大千先生都在此室中接待他们，畅谈绘画技艺后，大千先生就在此室设家宴款待。席间菜品精美，风味别致，格调高雅，又不拘一格，博得宾客们的称誉。久而久之，被誉为"大风堂酒席"。

　　"大风堂"之名一是取意西汉刘邦气势磅礴的《大风歌》，二是表示对明末清初著名画家张风的敬仰之情。他们不仅同姓张，在绘画风格上也同属一派。张大千挥毫书写"大风堂"三个劲道大字，悬在画室之中。数年间，大风堂中不仅造就了不少的名画家，而且也造就了不少的名厨师。

　　由于历史的原因，大风堂酒席在国外盛传，国内知道的人却寥寥无几。日本出版的《中国宴席风味》一书特意收编了张大千的大风堂酒席菜单，这里摘录一例：

　　干烧鲟鳇翅　烩一品豆腐　腰脆　干蒸鱼　藕饼　酒蒸

　　鸭子素烩　清炒龙虾子　鸡膏汤

　　菜单上还注明了选什么料、用量多少、烹制法、味型，以及如何上席等等。这是张大千在开制菜单时与大众不同之处。菜单上虽然只有几款菜式，但却颇具特色。张大千一是主张菜品不在多，而在精，讲究重味，反对重看，特别着重实惠；二是菜肴不分区域流派，既有南北风味，又有自己的风味，更要因人、因物而异，适合客人的需要；三是蒸品要精工选料，精工烹制，精工调味，才能烹制成风味别致的酒席。

又如，曾发表在《四川烹饪》杂志上的一列酒席菜单，是张大千1981 年宴请张学良、张群、台静农等人亲自草拟的，酒席也是他亲自安排的。菜单是：

干烧鲟鳇翅　红油猪蹄　蒜薹腊肉　葱烧乌参　干贝鸭掌　六一丝　蚝油肚条　清蒸晚菘　绍酒焖笋　干烧明虾　氽王瓜肉片　粉蒸牛肉　鱼羹烩面　煮元宵　豆泥蒸饺

从菜单中看出，既有山珍海味，又有乡土风味；既有时令佳蔬，又有小吃点缀。可见张大千是特意针对张学良、张群、台静农等人的口味和饮食习惯而安排设计的。其中不乏有大千的特色菜如鲟鳇翅、干烧明虾，又有川味特色的粉蒸牛肉、红油猪蹄。这张食单的组合是颇具匠心的。

宴席是诸多菜点的升华，一桌宴席犹如一部交响乐，不精通宴席的设计、组合、烹调等一系列的工艺流程，是难以完成的。大风堂酒席就像张大千的绘画风格一样，形成了独树一帜的风味特色，自成一派，是张大千对烹饪艺术的一大贡献。

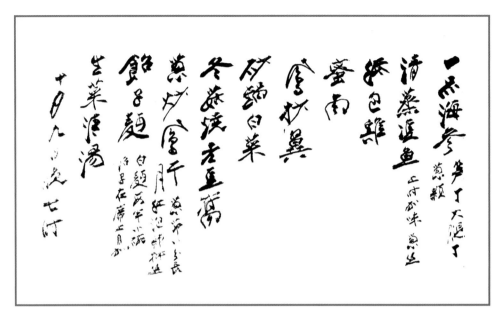

（张大千手写菜单）

一品海参
清蒸鲈鱼
纸包鸡
蜜肉
凤抄翼
砂锅白菜
冬菇烧老豆腐
葱炒凤肝
臊子面
生菜清汤

（张大千手写菜单）

干贝鸭掌
红油猪蹄
菜薹腊肉
蚝油肚条
干烧鲥翅
六一丝
葱烧乌参
绍酒爆笋
干烧明虾
清蒸晚菘
粉蒸牛肉
余王瓜肉片
煮元宵
豆泥蒸饺
西瓜盅

（张大千手写菜单）

鲜冬菇
风鸡片
乌参
烩佛手瓜
蚝油鲍片
蚶子面筋
清蒸鱼
草菇鸡头
糯米糕
仙米羹
炒虾片
相邀

（张大千手写菜单）

相邀
白汁大乌参
葱烧鲜冬菇
干烧包翅
蚝豉鲍脯
蜜肉
仙米羹
成都狮子头
烩蒿苣
豆苗清汤

国画大师张大千"吃"的艺术

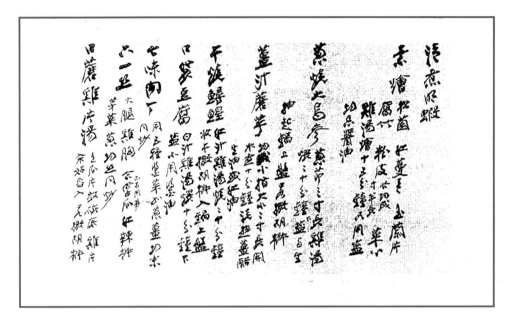

（张大千手写菜单）

清煮明虾
素烩
葱烧大乌参
姜汁魔芋
干烧鲟鳇
口袋豆腐
七味肉丁
六一丝
口蘑鸡片汤

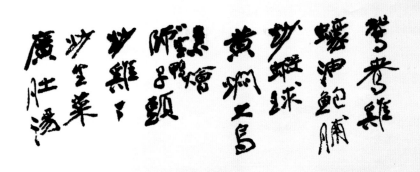

（张大千手写菜单）

鸳鸯鸡
蚝油鲍脯
炒虾球
黄焖大鸟（参
素烩
八宝鸭
狮子头
炒鸡丁
炒生菜
广肚汤

（张大千手写菜单）

酱烧紫茄
成都四喜
干烧鳇翅
酒蒸鸭子
蚝油鳆脯
鸡茸菽乳
葱烧乌参
素烩
青鱼煨面
水铺牛肉

国画大师张大千"吃"的艺术

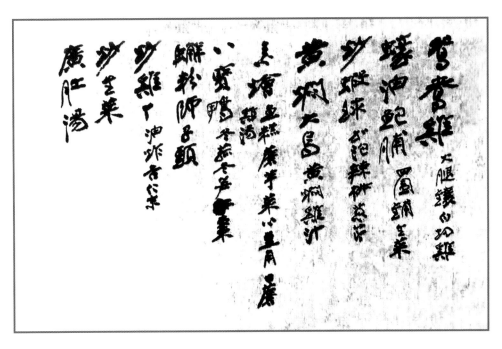

（张大千手写菜单）

鸳鸯鸡
蚝油鲍脯
炒虾球
黄焖大乌（参）
黄焖鸡片
素烩
八宝鸭
蟹粉狮子头
炒鸡丁
炒生菜
广肚汤

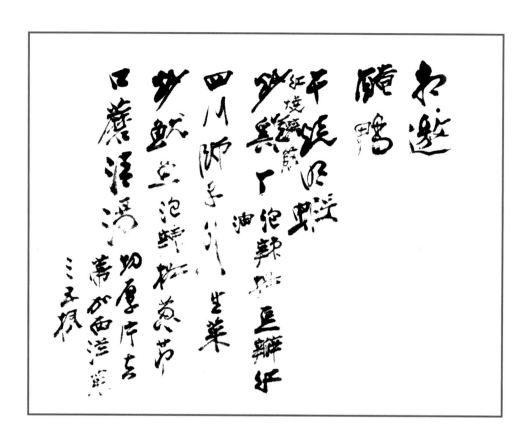

（张大千手写菜单）

相邀
腌鸭
干烧明虾
炒鸡丁
四川狮子头
炒鱿鱼
口蘑清汤

（张大千手写菜单）

相邀
炒虾球
糖醋脊柳
白汁鱼唇
红煨大乌参
清汤
缠面手抓鸡
糯米鸭
冬菇豆腐
炒六一丝
葛仙米羹

备注：
此真迹菜单现收藏在内江市档案馆。

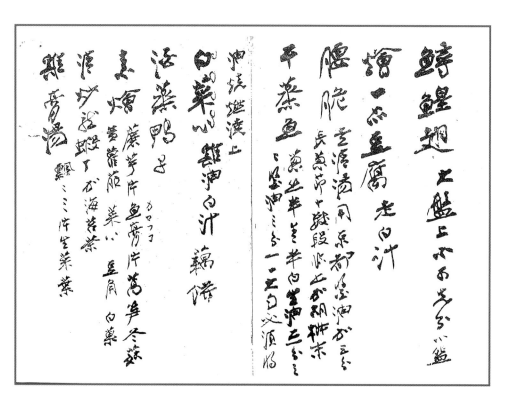

（张大千手写菜单）

鲟鳇翅
烩一品豆腐
腰脆
干燕鱼
白菜心（鸡油白汁）
藕饼
酒蒸鸭子
素烩
清炒龙虾丁
鸡膏汤

大风堂酒席

7月8日由张大千在日本东京四川饭店宴请张伯谨名记者乐恕人画家张孟休等人由张大千拟定菜单由川菜大师陈建明亲自掌厨烹调

彩凤拼盘
干烧鱼翅
鸡肝膏汤
金镶玉
干烧鲫鱼
口蘑锅巴汤
蟹黄草菇
大千酿豆腐
绍酒蒸鸭
椒麻红油云白肉
姜汁豇豆
六一丝
黄瓜鸡丝
月瓜饼
西瓜盅

此菜单由国画家
张孟休提供

（张大千拟定菜单）▼

大风堂酒席

1963年秋季宴请张伯谨郭有守林语堂及夫人廖翠凤等人，由张孟休画家在家中宴请由张大千拟定菜单娄海云名厨一手包办。

西洋菜鸡肝膏汤
椒麻鸡片
干烧鱼翅
炸仔鸡
鸡翅大乌参
蟹黄芥菜
松子碎米鸡
咕咾肉

此菜单由张孟休提供

另一次菜单

鸡肝膏汤
手撕鸡
干烧鱼翅
香酥鸭
三镶
（ 瑶柱
菜心 冬菇 ）
全福海参
芽菜鸡丝

（张大千手写菜单）

鸡油豌豆
豆腐烩百叶
蚝油肚条
葱油鸡
狮子头
鱼面
王瓜肉片汤

备注：
菜单少有出现的自描大千头像及花卉。

（张大千手写菜单）

葱油鸡
红油蹄花
糖醋白菜
葱烧鸭
干煸四季豆
红煨牛腩
回锅肉
汆圆子汤
牛腩萝卜汤
皮蛋汆片汤
成都狮子头

大风堂酒席

1983年张大千在摩耶精舍的家中宴请拟定的菜单

麻辣腰片
葱油鸡块
红烧肚片
干烧鱼翅
素烩七珍
葱烧鸭
红烧乌参
粉蒸肉
烧帽结
水煮牛肉
清汤鱼膏
豆泥蒸饺
山汤圆

此菜单由曾任张大千秘书的
冯幼蘅女士提供

（张大千拟定菜单）

（张大千手写菜单）

相邀
干烧鳇翅
香糟蒸鸭
葱烧乌参
成都狮子头
鸡油芦笋
鸡茸菠乳饼
茶腿晚菘
豆泥糯米饭
西瓜盅

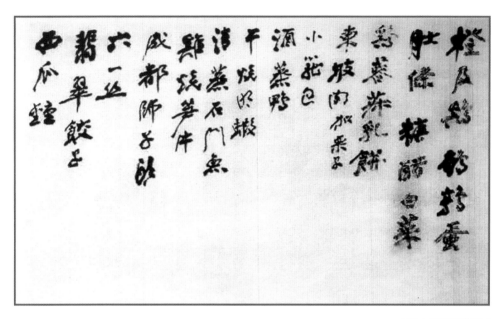

（张大千手写菜单）

橙皮鸡
鹌鹑蛋
肚条
糖醋白菜
鸡茸菽乳饼
东坡肉
小笼包
酒蒸鸭
干烧明虾
清蒸石门鱼
鸡烧笋片
成都狮子头
六一丝
翡翠饺子
西瓜盅

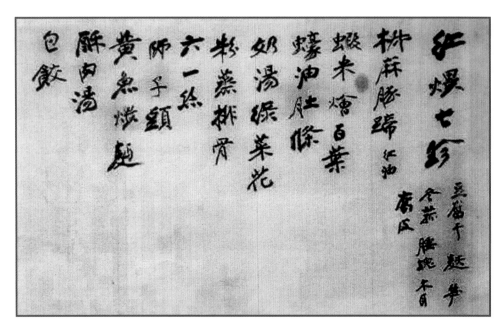

（张大千手写菜单）

红煨七珍
椒麻猪蹄
虾米烩百叶
蚝油肚条
奶汤绿菜花
粉蒸排骨
六一丝
狮子头
黄鱼煨面
酥肉汤
包饺

另备份有：
豆腐干
麸
笋
冬菇
腰块
木耳
腐皮
烹调时需用。

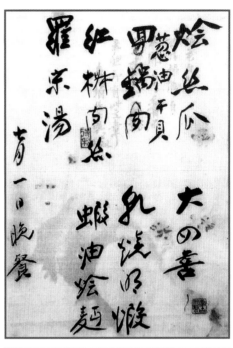

（张大千手写菜单）

烩丝瓜

葱油干贝　罗宋汤

回锅肉　　大四喜

红椒肉丝　红烧明虾

　　　　虾油烩面

腰块　　　蚝油肚条

狮子头　　奶汤菜花

六一丝　　凉拌猪蹄

虾米千张　酥肉汤

粉蒸排骨　包饺

黄鱼煨面

另有：

白豆腐干

烤麸

冬菇

笋

等备用。

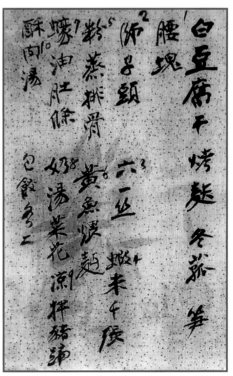

（张大千手写菜单）

张大千饮食轶事

ZHANG DAQIAN

YINSHI YISHI

"吃"的艺术和艺术的"吃"

张大千不仅会吃,而且会做。用现代语言来说,他不仅是位美食家,而且还是一位烹饪家。长期居住在大千故里的国画家邱笑秋先生,为大千风味作画的题款是"吃的艺术,艺术的吃。"这个评价自然贴切,生动形象,既富深意,也有新意。

大千先生一生遍游名山大川,尝尽南北美食。他广采诸味精华,在自己的烹饪中巧妙吸收,并加以融会同化。他设计和制作的菜品,许多原型来自民间,不过经过他的构思和创造,又远高于民间的水平了。

例如,"手抓鸡"是大千风味中的名菜之一。原来,张大千在敦煌临摹壁画期间,领略过大西北的手抓羊肉。大千觉得这个菜粗犷豪放,别有一番风味。于是他取其意,借其名,经过一番改造和加工,推出了"手抓鸡"这个新菜品。当然不是吃时一定要用手抓,只是在其形状上仅比通常的菜切得更大块罢了。

1963年,大千先生的长女张心瑞从中国到巴西探望父亲,先生在她过生日的设宴中,有一道名字颇为优雅的汤菜,叫作"相邀"。这道汤菜,原料有海鲜、冬菇、肉类、时鲜菜蔬及干菜等。有人曾说,这不近似于烧什景或者杂烩汤吗?叫杂烩汤那多难听,大千风趣地命名"相邀",取亲朋相邀,聚首欢庆之意。所以这道菜经常出现在大千的宴席上。

随着时日的推移,大千风味也不断有所发展,例如大千先生烹制的"红烧狮子头",原在国内制作时,先用油炸过,色显金黄;后来在美国制作时,他不用油炸,故而呈肉色,外观更为鲜嫩,口感更加舒适。

大千先生对烹饪的热情颇高。在他80寿辰之时,亲朋汇聚日月潭边为他祝寿,先生兴起,亲自下厨,要为大家制作"大千鸡"。遗憾的是,因年事过高,不注意失足在厨房,没有如愿。他在病榻上许下诺言,待伤痊愈,一定给大家"补上"。果然,后来大千先生再度排宴,热热闹闹地与众人同乐!

独具**特色**的
大千**风味**

    张大千是四川内江人，有典型的川菜口味。川菜从味别上讲，多为酸、甜、咸、麻、辣，五味调合百味出，尤以麻辣见长。从烹饪上讲，大量采用熘、炒、爆、烩、烧、爍、炖、蒸，尽量发挥各种制法之所长，制作出变幻无穷的味别。川菜以成渝两地为代表。内江菜既是川菜的一个分支，又有别于成渝两地，味别上主要讲究汁浓味厚，麻辣咸鲜。张大千在家乡菜的基础上，汲众家所长，久而久之，竟形成了独具特色的大千风味。

    张大千烹饪技艺的得来，一靠父母指点，学到许多地道的家乡菜烹制法，如凉拌、小炒、干烧、油焖等；二靠家中名厨"身教"，掌握了不可言传的做菜奥妙；三靠自己揣摩领会，创造和丰富了家乡菜。内江一带喜爱做"九大碗"，大千先生从中得到启发，粉蒸一类的菜肴就是借鉴"九大碗"的做法而来，但在材料的选配和味别的组合上，又比"九大碗"更高档，更丰盛，这就使大千菜肴不仅有美妙的川味，而且还有浓郁的家乡味——此系大千风味之一。

    张大千不仅对绘画艺术执着追求，不断创新，在烹饪上也不例外。他既学习中国传统的烹饪方法，但又"师古而不泥古"，根据自己的爱好和特长不断改进和变化。张大千喜爱吃鱼，他制作的大千干烧鱼，既有传统豆瓣鱼的做法，又有所创新。主要区别有三：一是辅料不同，不仅要加花椒、胡椒粉、泡辣椒、姜、葱等，而且还要加木耳、香菇、玉兰片等素三鲜；二是做法不同，鱼不码芡下锅炸，而是干烧；三是起锅时不挂芡收汁，而以原汤原汁收干，这样做出来的鱼色泽红亮、汁浓味厚、鲜香细嫩、浓郁芳香，既有传统味，又有创新味——此系大千风味之二。

    张大千无论作画、烹饪，均是广采博纳，兼收并蓄，不仅"文如其人"，而且"食如其人"。按大众吃法，白斩鸡大体有姜汁、麻辣、甜酸、椒麻等味别；大千先生制作的白斩鸡，却不是单一的某个味别，而是多种味别组合的复合味，既像这个味别，又像那个味别。这是出于大众味，而胜于大众味的特殊味——此系大千风味之三。

    唯此三者，才使大千菜肴多姿多采；大千风味，变幻无穷。

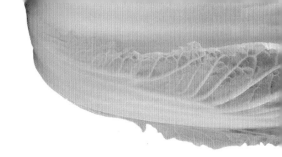

书画与烹饪
巧融一体

烹饪作为一门艺术，早在2 000多年前，就与绘画、石刻等艺术一起，成为祖国灿烂文化的一部分而世代相传，只是介绍得不那么普及而已。

表面上看，绘画是视觉艺术，烹饪是味觉艺术，二者好像风马牛不相及。实际上，艺术与艺术都是相通的。中国古代的宫廷菜肴中并不少见的雕刻、镶嵌等，就已经展示了这两种艺术的结合，但能将二者有机结合、巧妙运用者并不多见。张大千既是书画家，又是烹饪家，心有灵犀一点通，他把绘画的艺术与烹饪的艺术巧妙地结合在一起。

大千先生的绘画题材相当广泛，山水、仕女、人物、禽鸟、花卉、水族在他笔下无不得心应手。他的画清丽雅逸，色墨融洽，光彩有致，浑然一体，令人耳目一新。张大千把绘画的技艺也移用到烹饪之中。他制出的菜肴丰富多彩。家禽、鱼肉、海鲜、土产、时令小菜都是他的原辅材料。他做的菜刀功讲究，火候得体，造型别致，色彩依食物天然颜色而成，往往拼切镶嵌，巧妙摆设成各种图案，喜、福、寿、花、草、鸟等造型都有所见，既写实又写意，充满了合家欢乐的生活情趣。他烹制出的一道道菜肴，犹如一幅幅绚丽多姿的画卷。这既是佳肴食品，又是工艺美术品、艺术欣赏品。"色入目则心动"，见盘中一幅幅书画与烹饪融为一体的杰作，使食客们视觉、味觉都得到了充分的满足和享受，不仅吃得好，而且吃得舒服，吃得赏心悦目，真是开了眼福，饱了口福。难怪徐悲鸿先生在大千先生家中作客后，写道"大千蜀人也，能治蜀味，兴酣高谈，往往入厨作羹飨客，夜以继日，令人所忧。与斯人往来，能忘此世为二十世纪！"

中西菜肴巧妙结合

中国是文明古国，有着悠久的饮食文化历史。"民以食为天"，不仅要吃饱，而且要吃好。这吃得好首先体现在味道上，其次才体现在营养上，按四川人通俗的说法就是"讲味道"，所以外国人评论：中国菜讲味道，外国菜讲营养。其实，中国菜也讲营养，只是在烹制过程中，过于追求味道而破坏了一些菜的营养。倘若二者注意结合的话，那吃的内涵将更加科学，更加名副其实。这方面，大千先生可谓是身体力行了！

张大千前半生主要生活在国内，他跑遍了大半个中国，塞北江南、名山大川都留下了他的足迹；后半生则漂洋过海，南北美洲、欧亚大陆都有他的身影。这独特的经历，使他有机会既饱尝了中式菜肴的味道，又体味了西式菜肴的营养。如果称他与毕加索的会晤是中西画派的历史性融汇的话，那么他的菜肴，则可称是味道与营养的巧妙结合。

张大千常着长衫，蓄长须，说地道的四川话，一副中国长者派头；但他在艺术上绝不盲目追求"国粹"，表现在吃的方面就是中西菜肴结合。在做法上中西并举，在吃法上中西组合，既有中式菜肴的凉拌、烧炖、清蒸，又有西菜的生吃、煎烤、镶嵌。经常在一餐之中既上中式菜肴又上西式菜肴，别有一番情趣。如中式烹制的红烧狮子头、红烧鲢鱼、凉拌鸡块、干烧冬笋、粉蒸羊肉、酥肉汤、时令菜心汤，西式做法的则有西洋汤圃鸡、粤菜鱼翅、豫菜烤鸡蛋、扬菜狮子头、京菜烤鸭等等。这种中式菜肴与西式菜肴在制法上的融合，在味别上的变化和调配，在营养上的取长补短，使大千先生的饮食结构趋于合理，晚年也胃口大开。"健吃"已成为他"三健"（另有健谈、健步）之一，从而使他晚年身强体壮，鹤发童颜，精力旺盛。

大千风味名扬
海内外

张大千的烹饪技艺，自小受到家庭餐桌和街头食摊的耳濡目染。到 30 余岁上，除画艺精湛高超外，厨艺也身手不凡。他博采众长，融会贯通，终于形成了独特的大千风味。对此，大千曾笑对朋友们做过自我评价："以艺术而论，我善烹饪，更在画艺之上。"

国画大师徐悲鸿，与大千友情甚笃，多次品尝过大千亲自烹饪的菜肴。他在《张大千画集（序）》中评说道："大千蜀人也，能治蜀味，兴酣高谈，往往入厨作羹飨客，夜以继日，令人所忧。与斯人往来，能忘此世为二十世纪！"著名画家谢稚柳回忆与张大千相处时的情景说："大千的旁出小技是精于烹饪，且亦待客热诚，每每亲入厨房，弄菜奉客。"

抗日战争胜利后，大千在上海期间，常邀谢稚柳、陆丹林等友人于家中聚会。亲自下厨献艺，自不必说。欢欣之余，陆丹林赋诗赞曰："海内张髯有盛名，敦煌归来笔纵横。难忘听雨潇潇夜，出网江鳞手自烹。"谢稚柳题："张大千以青鱼、醉蟹作羹，其味清绝，戏为一赞。青鱼嫩自愧岩鲤，醉蟹登盘重视金。黄遣东西并二美，春来梅子不胜簪。"这里，谢稚柳以贺梅子诗相比，极力称道大千烹饪之美。原来北宋词人贺方回，写有名句"梅子黄时雨"，人称贺梅子；但他是秃顶，故谢稚柳在此戏曰"不胜簪"也。

与大千早年相交，晚年在台北亦常相交的江兆申先生，对大千风味亦推崇备至。他有诗云："醉酒鲜浓仔细书，盘尊海陆与山腴；束禽裹鲊原珍重，小笔髯众体似苏。"

大千风味的诸多菜肴中，尤以大千鸡最负盛名。目前，在亚洲、美洲、欧洲的许多餐馆里，都有大千鸡这个菜品。要问什么是大千鸡？有趣的是答案可能很多，各餐馆做的也都不甚一致。四川人陈建明先生，在东京赤坂开设了四川饭店，并珍藏有 40 多幅大千的绘画。他说："张大千是我的老朋友，生前常来这里吃饭，他特别喜欢吃我的辣子鸡块。现在我已经将这道菜命名为'大千鸡'了。"

张大千与川菜名厨

张大千擅于品味，擅于烹调，很多都得益于他与川菜名厨的交往。

张大千与厨界结缘，那还得从他做"百日土匪"的传奇说起。张大千 17 岁时，在重庆求精中学读书，暑假返乡途中，不幸被土匪绑架到山林匪巢做了"肉票"。由于他写得一手好字，于是便破天荒地被匪徒们当作"笔墨师爷"。土匪为防大千逃跑，在下山打劫时，多把他留在山上，并让伙夫"老跳"（土匪黑话，即老张）暗中监视。大千闲得无聊，便与伙夫接近，并经常到厨房里去帮厨。张大千日后喜吃擅做的回锅肉、家常豆腐、豆瓣全鱼等，都是在那时学到的。张大千敬重张伙夫，是因为他仰慕张伙夫的烹调技艺。据传，张伙夫早年曾经是成都一家有名餐馆里的厨师，因生活所逼，才被迫做了土匪的伙夫。在张大千的眼里，他就是自己的烹调启蒙老师。

张大千生平最得意的是，当年自己的厨师后来都成了享誉世界的名厨：一个是居住在日本东京的陈建明，一个是居住在美国纽约的娄海云。

陈建明曾被大千先生誉为海外中国菜的"天下第一厨"。陈建明在东京开的四川饭店，生意鼎盛时期，分店几乎遍布全日本。据说，由他直接和间接教出来的日本徒子徒孙已有近万人。当年陈建明在海外宏扬国粹，传授中国料理，令张大千十分欣慰。

1961 年 7 月 8 日，大千先生在日本东京四川饭店宴请张伯谨、画家张孟休、名记者乐恕人等佳宾。这台酒宴由他亲拟菜单，由陈建明亲自掌灶，所以备受关注。当天陈建明烹调的精美菜肴有彩凤拼盘、干烧鱼翅、鸡肝膏汤、金镶玉、干烧鲫鱼、口蘑锅巴汤、蟹黄草菇、大千酿豆腐、绍酒蒸鸭、椒麻红油云白肉、姜汁豇豆、六一丝、黄瓜鸡丝。其中的六一丝，是陈建明先生为张大千 61 岁生日特别设计的。这是用六种蔬菜作原料清炒出来的一道菜，装盘成菜则暗合大千先生 61 岁生日。大千酿豆腐是大千先生特别喜爱的一款风味豆腐菜，陈建明以大千之名冠之，可见大千先生与他的情谊之深厚。

娄海云大厨脾气不小，许多人视他为"怪人"。他曾经是纽约京华楼的主厨。当年，大千先生曾特意为京华楼书写牌匾，京华楼也因此一开业就名震四方。船主董洁云、贾桂琳、欧纳西斯等，都是京华楼的座上客。娄海云喜欢掉书袋，因为他出生的孤儿院是由一位翰林办的，所以他早年读书之多，远非一般厨师可比。那时他只要听到背后有人喊他娄厨子，便会不高兴，他说："啥子意思？未必厨子就矮一截？"

娄海云极有正义感，出手大方，讲义气。有一年台湾发生重灾，损失惨重，他闻此消息后，立即请大千先生为他垫上捐款，随后他便汇去了 5 100 美元。当时他不愿署名，因此他跟大千先生说，就写成"纽约一难民"捐的好了。

1963 年秋，画家张孟休在台湾家中宴请张大千、张伯谨、郭有守、林语堂及夫人廖翠凤等佳宾时，特请大千先生拟定并书写了菜单，由娄海云大厨一手包办烹调。其菜单为：鸡肝膏汤、椒麻鸡片、干烧鱼翅、炸仔鸡、鸡翅大乌参、蟹黄芥菜、松子碎米鸡、咕咾肉。娄海云当天制作的这一桌味美绝伦的佳肴，让所有在坐的宾客拍手称赞，永生难忘。

大千先生常说，我做的那些菜有一半是这些大厨教的，我是他们的学生，他们才是我的老师。由此可见大千先生对美食的执着追求，以及他与川菜大厨之间的深情交往。

大千养生饮食观

作为一位美食家、烹饪家，张大千先生不仅会吃、会做，还会评论，即对饮食烹饪有自己的见解。他曾说：“饮食是文化，是中国最为古老、最为重要、最为普遍，也最为讲究的一门文化艺术。”他认为烹饪与国画一样，同是国粹。正因为如此，他才充分地把绘画艺术与烹饪艺术有机结合起来，并较大程度地弘扬中国烹饪艺术。

张大千喜好饮食，擅于品味，他在年幼时曾不沾荤腥，长大后便开荤吃肉，并比常人更酷爱饮食美味。他的书法导师也是“好吃之徒”，这更加重了他对饮食的热爱和追求。

张大千登上画坛之后，从国内吃到国外，更是食尽中国美味，遍尝世界佳肴，正如张大千先生之女张心瑞所说：“先父一生所嗜，除诗文书画外，喜自制美食以为乐，其足迹遍全球，因能汲取海内外各地各派名家之长，融合一体，形成以川味为主的‘大千风味菜肴’。”张大千对饮食之道越来越讲究了。他十分推崇孔子的饮食观，曾说：“我只有两句话做得到，就是孔夫子的食物，食不厌精，脍不厌细。”他把“吃”视为人生最高境界的享受。在此观点的指导下，他一生始终对中国饮食文化努力而执着地追求着。

大千先生常对他的学生说：“一个人要工作得好，首先必须吃得好。”在吃与穿的问题上，他说：“吃和穿比较起来，应该是吃居第一。”张大千一生追求吃，热心地研究吃。

张大千还对中国菜的流派提出了独到见解，他指出：“中国菜就地区而分，沿三江流域形成的有三个流派，长江上游的川菜、黄河流域即北方菜、珠江流域包括广东与福建即闽粤菜，北方菜取味于陆、闽粤菜取味于海、四川菜则兼得其盛。”这是大千先生对中国烹饪精心研究的结果。

张大千的烹饪造诣得到了社会知名人士的高度赞誉，例如，曾任张大千秘书的冯幼蘅女士，对张大千的烹饪饮食尤为熟悉，她在《形象之外》一书中曾写到“作菜原是雕虫小技”，本来不为的事，然而张大千把它视为艺术，论起“吃道”，处处皆是学问，就是亲临厨房化理论为实际的功夫的细腻和精到之处，也往往会令人倾倒。

张大千的饮食观，讲究实惠的人生哲学，使他在饮食艺术上成为当代知名的美食家，烹饪家。

大千风味鸡块的传奇

在大千风味菜肴中，最为有名的菜肴莫过于大千鸡块，这道特色风味菜以它的色泽红亮、味辣味香、鸡肉鲜嫩、鸡皮略带嫩脆，赢得了食家的赞誉。此菜不仅在海峡两岸流行，也在我国的香港地区流行。由于这款菜来历不同寻常，因而引起世人众说纷纭，真可谓有点传奇。这里不妨将大千鸡块的来历一一介绍，让世人得以一窥大千风味。

一是此菜的依据是1985年10月，在内江市烹饪协会与有关部门联合召开的"大千风味菜肴"研讨会上，张大千的长女张心瑞、长婿肖建初及张善子的长婿晏伟聪等亲属介绍提供的15个大千菜。笔者在研究和编著出版的《张大千风味菜肴》一书中写到大千鸡块，此菜是选用刚长冠的仔公鸡的腿肉，去骨连皮切成块，加上配料青辣椒块、青笋块、葱白，连同调料干辣椒、花椒、豆瓣辣酱、酱油、醋、白糖等烹炒而成，成菜后色泽鲜红发亮，鸡肉鲜嫩，尤其是鸡皮略带嫩脆，味浓味香，其味隽永无穷，在众多的川菜味型中独具一格，由于风味不一般，被世人呼之"大千风味"。此菜被四川省烹饪协会授予"四川名菜"称号，也被内江市人民政府授予"内江名菜"称号。此菜肴代表了川菜特色和大千故里风味。"大千鸡块"这道名菜后来连同"大千干烧鱼"一起被载入《中国名菜谱》《中国名菜词典》《创新川菜》等十多部烹饪书中而流传至今。

二是张大千与川菜烹饪大师陈建明先生交往深厚，他很欣赏陈建明的烹饪艺术。大千先生喜食鸡肉，认为食鸡肉对人体滋补营养最为有益，陈建明每次为大千烹制辣子鸡块，泡辣椒切成节，鸡肉切成大块，过油锅溜炒而成。此菜鸡块鲜嫩，味辣味香，久而久之，陈建明先生将此菜肴取名为"大千鸡块"。

三是画家孙家勤系张大千高徒，在撰文谈到张大千美食"大千鸡块"时，又是别有一番情趣。他撰文谈到张大千在西北敦煌作画时期，对手抓羊肉非常欣赏，尤喜肉质的香、酥、嫩，张大千觉得这个菜粗犷豪放，别有一番风味，于是取其意，借其名，经过一番改进和加工，推出了手抓鸡这个菜品，在大风堂酒席菜单中可见到此菜。手抓羊肉只蘸盐，不用其他调料，大千鸡块是根据手抓羊肉的做法也只用盐来清炒，配以川菜泡菜坛中的红辣椒、青辣椒。

此菜中的鸡块鲜嫩鲜香，菜肴红、绿、白三色交相辉映，分外鲜艳，尤其以川味泡菜的清香诱人食欲，大千先生非常欣赏此菜风味。孙家勤曾问过他老师，有人冠于大师之名为此菜取名，此菜名你认为如何？大千先生曾说，这道菜很有风味特色，蕴藏了我在敦煌几年的艰辛生活，又体现了四川乡土的情怀，我就只好默然认之了。

四是国内星级饭店流行的大千鸡块的做法，是将鸡块拌味，先下油锅炸香上色，再下干辣椒、花椒（少许）加豆瓣辣酱，再放入鸡块和青笋块、青椒块、酱油掺汤烧开收汁而成。鸡肉酥香，味辣鲜香，据美食杂志登载，大千先生生前喜食这款风味菜，所以也就取名为"大千鸡块"。

近年来，大千风味鸡块还流传有诸多传奇，在这里不一一例举。

可见以上"大千鸡块"风味流传，无不为这道菜增添了神秘传奇，这也正展现了张大千一生中传奇的魅力。

名家题词作画

"大千菜"是爱为艺术生活中之另一杰作，其奥妙乃在於选料、预处理、操作以及不吝花费，国钦先生得其至神髓，实是一大贡献也。

乙亥年仲秋 晏伟聪 八十四岁衰妣

张大千侄女婿晏伟聪题词

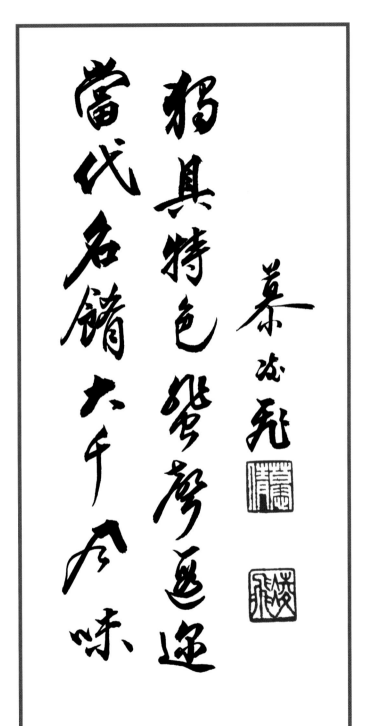

颇具特色 馨香远迩

当代名馐 大千余味

慕凌飞

大千風味
名聞遐邇

贈楊國欽大千風味研究名家：

孟英聲

著名作家马识途题字 ▼

画家秦学恭题字 ▲

书法家李果青题字

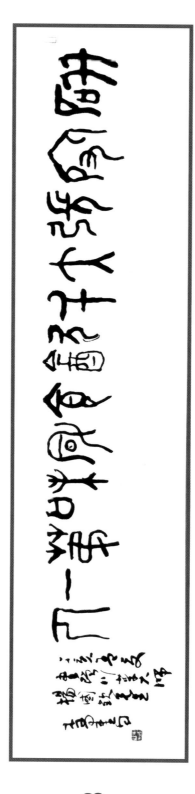

20世纪80年代，研讨张大千风味菜肴的本书作者杨国钦（右四）
与川菜名厨黄福财、张仲文等人在一起

张大千台湾摩耶精舍的厨房一隅